普通高等教育计算机类专业"十三五"规划教材

C语言程序设计
——实验指导·课程设计·习题解答
（第2版）

毕鹏 陆丽娜 丁凰 缪相林 许大炜 张媛 编

内容简介

本书立足于程序设计的方法、思想、过程,给读者一种由浅入深、由易到难的阶梯式架构,使读者在学习过程中,从简单的课程实验到复杂的软件设计有一个平滑的过渡。

本书是与《C语言程序设计》(第2版,许大炜等编,西安交通大学出版社)一书配套的辅助教材,内容总体上包括四个部分。第一部分是对VisualC++6.0编程环境的介绍以及实验指导和上机内容;第二部分为课程设计引导与范例;第三部分为《C语言程序设计》教材的习题解答;第四部分为上机实验的参考答案。

本书可作为本、专科学生学习计算机编程语言的辅助教材和课程设计的指导材料,也可作为广大编程爱好者学习和提高的参考书。

图书在版编目(CIP)数据

C语言程序设计——实验指导・课程设计・习题解答/毕鹏等编. —2版. —西安:西安交通大学出版社,2015.8(2021.8重印)
ISBN 978-7-5605-7694-7

Ⅰ.①C… Ⅱ.①毕… Ⅲ.①C语言-程序设计-高等学校-教材 Ⅳ.①TP312

中国版本图书馆CIP数据核字(2015)第181840号

书　　名	C语言程序设计——实验指导・课程设计・习题解答(第2版)
编　　者	毕　鹏　陆丽娜　丁　凰　缪相林　许大炜　张　媛
责任编辑	屈晓燕　刘雅洁
责任校对	李　文
出版发行	西安交通大学出版社
	(西安市兴庆南路1号　邮政编码 710048)
网　　址	http://www.xjtupress.com
电　　话	(029)82668357　82667874(发行中心)
	(029)82668315(总编办)
传　　真	(029)82668280
印　　刷	西安日报社印务中心
开　　本	787mm×1092mm　1/16　印张　11.375　字数　275千字
版次印次	2015年9月第2版　2021年8月第10次印刷
书　　号	ISBN 978-7-5605-7694-7
定　　价	24.00元

读者购书、书店添货,如发现印装质量问题,请与本社发行中心联系、调换。
订购热线:(029)82665248　(029)82665249
投稿热线:(029)82664954
读者信箱:jdlgy@yahoo.cn

版权所有　侵权必究

前　言

  本书是作为《C语言程序设计》(第2版,许大炜等编,西安交通大学出版社)一书的配套实验教材。作者根据对C语言教学的反馈意见,结合应用型大学学生的学习能力和多年C语言教学经验进行编写。

  本书内容总体上包括四个部分。第一部分是对VisualC++6.0编程环境的介绍以及实验指导和上机内容;第二部分给出C语言课程设计引导与范例;第三部分为《C语言程序设计》教材的习题解答;第四部分为第一部分上机实验的参考答案。

  在撰写本书时我们力图做到以下几点:

  (1)本书立足于程序设计的方法、思想、过程,给读者一种由浅入深、由易到难的阶梯式的架构,使读者在学习过程中,从简单的课程实验到复杂的软件设计有一个平滑的过渡。

  (2)本书包含了课程设计章节,该章是一个软件设计的流程,包含了设计的思想、框图、流程图等,在编码上使用了规范的编码标准和格式规范,使学生能够初步掌握C语言的编程技术与方法。

  (3)本书给出了《C语言程序设计》教材的习题解答和本书实验内容的参考答案。使学生在做完实验后参照解答能及时发现、纠正实验中的错误和问题。通过对程序的调试,培养学生对错误的分析能力以及解决问题的能力。

  本书由西安交通大学城市学院毕鹏、陆丽娜、丁凰、缪相林、许大炜、张媛老师共同编写。感谢西安交通大学出版社屈晓燕、刘雅洁编辑多次组织我们讨论如何编写培养应用型人才的教材,给了我们很多启发。感谢西安交通大学城市学院计算机系领导和任课老师对我们的关心、支持和帮助。

  由于笔者水平和编程经验有限,本书中肯定有不少的不足和错误,希望能得到专家和读者的指正。

编　者

于西安交通大学城市学院

2015年8月

目 录

第一部分 C语言程序设计上机实验 ·· (1)

    实验一 C语言的运行环境和运行过程 ·· (1)

    实验二 数据类型、运算符及表达式 ·· (12)

    实验三 数据的输入输出 ·· (17)

    实验四 选择结构 ·· (24)

    实验五 循环结构 ·· (32)

    实验六 数组 ·· (41)

    实验七 函数 ·· (49)

    实验八 指针 ·· (54)

    实验九 结构体和公用体 ·· (65)

    实验十 文件 ·· (74)

第二部分 C语言程序课程设计 ·· (80)

    一、课程设计目的 ·· (80)

    二、课程设计要求 ·· (80)

    三、参考项目 ·· (81)

    四、项目示范 ·· (82)

第三部分 配套教材课后习题参考答案 ·· (105)

第四部分 上机实验参考答案 ·· (136)

参考文献 ·· (176)

第一部分　C语言程序设计上机实验

实验一　C语言的运行环境和运行过程

通过课堂上学习,我们对C语言已有了初步了解,对C语言源程序结构有了总体的认识,那么如何在机器上运行C语言源程序呢？任何高级语言源程序都要"翻译"成机器语言,才能在机器上运行。"翻译"的方式有两种:一种是解释方式,即对源程序解释一句执行一句;另一种是编译方式,即先把源程序"翻译"成目标程序(用机器代码组成的程序),再经过链接装配后生成可执行文件,最后执行可执行文件而得到结果。

C语言是一种编译型的程序设计语言,它采用编译的方式将源程序翻译成目的程序(机器代码)。运行一个C程序,从输入源程序开始,要经过编辑源程序文件(.c)、编译生成目标文件(.obj)、链接生成可执行文件(.exe)和执行四个步骤。

一、实验目的

1. 了解在 Windows 环境下 C 语言的运行环境,了解所用的计算机系统的基本操作方法,学会独立使用该系统。
2. 了解在该系统上如何编辑、编译、链接和运行一个 C 语言程序。
3. 通过运行简单的 C 语言程序,初步了解 C 语言源程序的特点。

二、实验内容

题目1　熟悉 Visual C++开发步骤。

Visual C++为用户开发 C 语言程序提供了一个集成环境,这个集成环境包括:源程序的输入和编辑,源程序的编译和链接,程序运行时的调试和跟踪,项目的自动管理,为程序的开发提供各种工具,并具有窗口管理和联机帮助等功能。

使用 Visual C++集成环境上机调试程序可分成如下几个步骤:启动 Visual C++集成环境;生成和编辑源程序;编译链接源程序;运行程序。下面详细介绍一下 Visual C++的上机操作方法。

(1) 启动 Visual C++。

当在桌面上建立了 VC++的图标后,可通过鼠标双击该图标启动 VC++;若没有建立相应的图标,则可以通过菜单方式启动 VC++,即用鼠标单击"开始"菜单,选择"程序",选择"Microsoft Visual Studio 6.0",选择"Microsoft Visual C++6.0"启动 VC++。

VC++启动成功后,就产生如图 1-1 所示的 VC++集成环境。

VC++集成环境是一个组合窗口。窗口的第一部分为标题栏；第二部分为菜单栏，包括"File(文件)"、"Edit(编辑)"、"View(视图)"、"Insert(插入)"、"Project(项目)"、"Build(编译、链接和运行)"、"Tools(工具)"、"Windows(窗口)"、"Help(帮助)"等菜单；第三部分为工具栏，包括常用的工具按钮；第四部分为状态栏。还有几个子窗口。

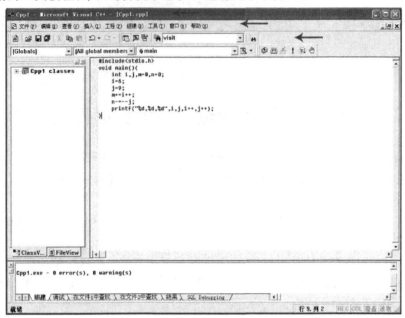

图1-1 VC++集成环境

(2)生成源程序文件。

生成源程序文件的操作步骤如下。

①选择集成环境中的"File"菜单中的"New"命令，产生"New"对话框，如图1-2所示。

图1-2 新建对话框

②单击此对话框的左上角的"Files"选项卡,选择C++Source File选项。如图1-3所示。

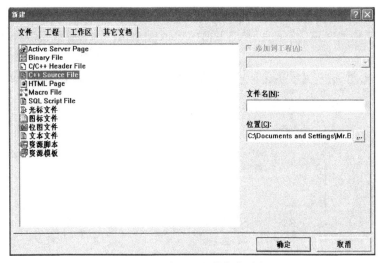

图1-3 设置源文件保存路径

③设置源文件保存路径。

若将源文件保存在默认的文件存储路径下,则可以不必更改在对话框右半部分的Location(目录)文本框,但如果想在其他地方存储源程序文件,则需在"Location"文本框中输入文件的存储路径,也可以单击右边的省略号(…)来选择路径(例如输入"E:\C语言练习",表示源程序文件将存放在"E:\C语言练习"子目录下,当然,这么做还必须有个前提,就是该电脑上必须已经建立了"E:\C语言练习"文件夹)。

图1-4中源文件的保存路径就为:"E:\C语言练习"。

④然后,我们在右侧"File"文本框输入准备编辑的源程序文件名,例如图1-4中我们给源程序文件命名为first.c。当然,读者完全可以指定其他的路径名和文件名。

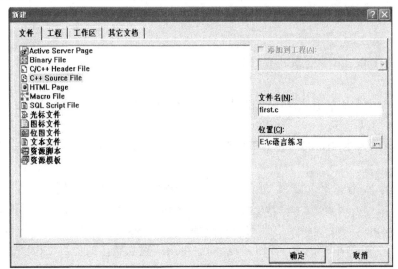

图1-4 源文件命名

注意：我们指定的文件名后缀为.c，如果输入的文件名为 first.cpp，则表示要建立的是 C++源程序。如果不写后缀，系统会默认为 C++源程序文件，自动加上后缀.cpp。

(3) 编辑源程序。

单击图 1-4 中的"OK"按钮后，弹出下面的编辑框，如图 1-5 所示，就可以输入程序代码了。

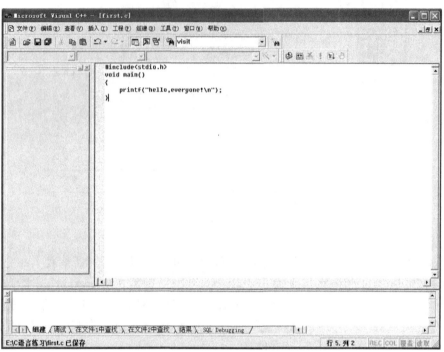

图 1-5　编辑源程序

图 1-5 中，我们输入的程序代码如下：

#include <stdio.h>
void main()
{
　　printf("Hello,everyone! \n");
}

在输入过程中我们故意出了一个错误。输入完毕后，我们就进入步骤 4。

(4) 编译和调试程序。

单击主菜单栏中的"Build"，在其下拉菜单中选择"Compile first.c"（编译 first.c）项，如图 1-6 所示。

单击"Compile first.c"命令后，屏幕上出现一个如图 1-7 所示对话框。

内容是"This build command requires an active project workspace. Would you like to create a default project workspace?"（此编译命令要求一个有效的项目工作区，是否同意建立一个默认的项目工作区）单击是(Y)按钮，表示同意由系统建立默认的项目工作区。

屏幕如果继续出现如图 1-8 所示"将改动保存到 E:\C 语言练习\frist.c"，单击"是(Y)"。

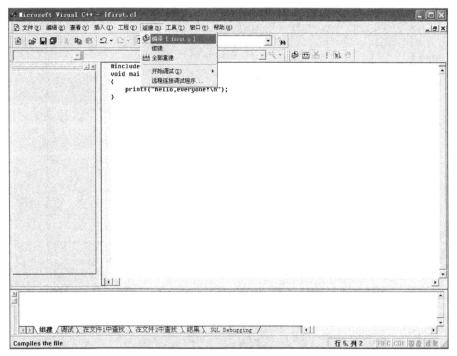

图 1-6 编译源程序

图 1-7

图 1-8

  屏幕下面的调试信息窗口指出源程序有无错误,如果本例中将 printf 语句后的";"漏掉,经过编译后将显示"1 error(s),0 warning(s)"。我们现在开始程序的调试,发现和改正程序中的错误,编译系统能检查程序中的语法错误。语法错误分为两类:一类是致命错误,以 error(错误)表示,如果程序有这类错误,就通不过编译,无法形成目标程序,更谈不上运行了;另一类是轻微错误,以 warning(警告)表示,这类错误不影响生成目标程序和可执行程序,但有可能影响运行的结果,因此也应当改正,使程序既无 error,又无 warning。本例编译结果如图1-9所示。

  用鼠标单击调试信息窗口中右侧的向上箭头,可以看到出错的位置和性质,如图 1-10 所示。

图 1-9　程序编译结果

图 1-10　程序错误信息 1

进行改错时,双击调试信息窗口中的报错行,这时在程序窗口中出现一个粗箭头指向被报错的程序行(第 5 行),提示改错位置,如图 1-11 所示。

根据 VC 给出的错误提示,在相应的位置修改错误,例如本例中将在第 4 行添加一个分号,再选择"Compile first.c"项重新编译,此时编译信息告诉我们:"0 error(s),0 warning(s)",既没有致命错误(error),也没有警告错误(warning),编译成功,这时产生一个 first.obj 文件,见图 1-12 所示的调试信息窗口。

图 1-11　程序错误信息 2

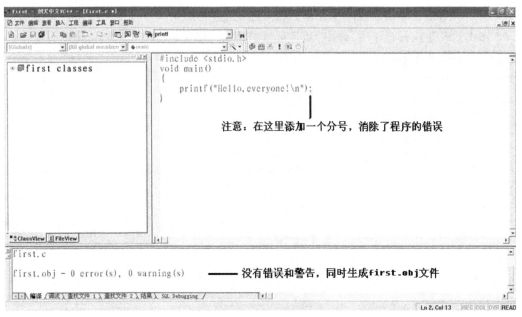

图 1-12　编译通过

(5)程序构建。

在得到了目标程序后,我们就可以对程序进行链接了,选择主菜单"Build"→"Build first.exe"(构建 first.exe),如图 1-13 所示。

图 1-13 程序构建

(6)程序运行。

选择"Build"菜单中的"Execute"(执行)命令,则在VC++集成环境的控制下运行程序,如图1-14所示。被启动的程序在控制台窗口下运行,与Windows中运行DOS程序的窗口类似。图1-15是执行程序后,弹出DOS窗口中显示的程序执行结果。

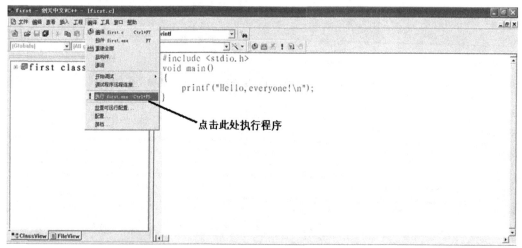

图 1-14 程序运行

注意:第二行"Press any key to continue"并非程序所指定的输出,而是VC++6.0在输出完运行结果后系统自动加上的一行信息,通知用户:"按任意键以便继续"。当按下任意键后,输出窗口消失,回到VC++6.0主窗口,此时可以继续对源程序进行修改补充或进行其他的工作。

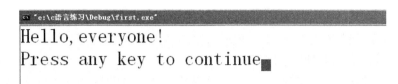

图 1-15 运行结果

(7) 关闭程序。

当完成程序编写后,选择"File"→"Close Workspace"(关闭工作区),屏幕提示如图 1-16 所示。

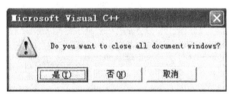

图 1-16

单击"是(Y)",退出当前的程序编辑窗口。

(8) 打开程序文件。

如果我们需要打开已经保存的文件,在 VC++6.0 中选择"File"→"Open",或按 Ctrl+O 键,或单击工具栏中的 Open 小图标来打开 Open 对话框,如图 1-17 所示。

图 1-17 打开程序文件

从弹出的对话框中选择所需的文件,打开该文件,程序显示在编辑窗口。

如果在修改后,仍保存在原来的文件中,可以选择"File"→"Save"(保存),或用 Ctrl+S 快捷键,或单击工具栏中的小图标来保存文件。另外,如果不想将源程序存放到原先指定的文件中,可以不选"Save"项,而选择"Save As"(另存为)项,并在弹出的"Save As"对话框中指定文件路径和文件名。

补充:VC++6.0 系统工具栏中图标: 对应 Compile, 对应 Build,当进行 Compile 后, 对应 Execute。我们也可以不使用菜单中的相应选项,而单击这些工具栏图标进行操作。此外,还有相应的快捷键 Compile(Ctrl+F7)、Build(F7)和 Execute(Ctrl+F5)。

(9)常用功能键及其意义。

为了使程序员能够方便快捷地完成程序开发,开发环境提供了大量快捷方式来简化一些常用操作的步骤。键盘操作直接、简单,而且非常方便,因而程序员非常喜欢采用键盘命令来控制操作。下面是一些最常用的功能键,希望读者在实验中逐步掌握。

操作类型	功能键	对应菜单	含义
文件操作	Ctrl+N	File|New	创建新的文件、项目等
	Ctrl+O	File|Open	打开项目、文件等
	Ctrl+S	File|Save	保存当前文件
编辑操作	Ctrl+X	Edit|Cut	剪切
	Ctrl+C	Edit|Copy	复制
	Ctrl+V	Edit|Paste	粘贴
	Ctrl+Z	Edit|Undo	撤消上一个操作
	Ctrl+Y	Edit|Redo	重复上一个操作
	Ctrl+A	Edit|Select all	全选
	Del	Edit|Del	删除光标后面的一个字符
建立程序操作	Ctrl+F7	Build|Compile current file	编译当前源文件
	Ctrl+F5	Build|Run exe	运行当前项目
	F7	Build|Build exe	建立可执行程序
	F5	Build|Start debugging	启动调试程序
调试	F5	Debug|Go	继续运行
	F11	Debug|Step into	进入函数体内部
	Shift+F11	Debug|Step out	从函数体内部运行出来
	F10	Debug|Step over	执行一行语句
	F9		设置/清除断点
	Ctrl+F10	Debug|Run to cursor	运行到光标所在位置
	Shift+F9	Debug|Quick watch	快速查看变量或表达式的值
	Shift+F5	Debug|Stop debugging	停止调试

题目 2 编写和运行你的第一个 C 语言程序。

将下列程序输入 VC++，进行编译、链接和运行。

```c
#include <stdio.h>
main()
{
    int a,b,sum;
    a = 123;b = 456;
    sum = a + b;
    print("sum is %d\n",sum);
}
```

具体操作步骤为：

(1) 编辑 C 语言程序；
(2) 保存已编辑好的 C 语言源文件，文件命名为 file1.c；
(3) 编译、链接该文件得到可执行文件 file1.exe；
(4) 改正源程序中的错误（若无，可跳过）；
(5) 运行程序。

题目 3 输入、调试并运行求两个整数中较大者（见《C 语言程序设计》(第 2 版，许大炜等编，西安交通大学出版社)【例 1-3】)。

```c
#include <stdio.h>
void main()                         //主函数
{                                   //main 函数体开始
    int a,b,c;                      //定义变量 a,b,c
    scanf("%d,%d",&a,&b);           //输入变量 a 和 b 的值
    c = max(a,b);                   //调用 max 函数，将调用结果赋给 c
    printf("max = %d",c);           //输出变量 c 的值
}                                   //main 函数体结束
int max(int x,int y)                //计算两数中较大数的函数
{                                   //max 函数体开始
    int z;                          //定义函数体中的变量 z
    if(x>y)z = x;                   //若 x>y,将 x 的值赋给变量 z
    else z = y;                     //否则,将 y 的值赋给变量 z
    return z;                       //将 z 值返回,通过 max 带回调用处
}                                   //max 函数体结束
```

三、思考题

分析 C 语言源程序运行与编写的特点。

实验二　数据类型、运算符及表达式

一、实验目的

1. 进一步熟悉 VC++ 环境的使用方法和 C 语言程序的编辑、编译、链接和运行的过程。
2. 掌握 C 语言的基本数据类型,熟悉如何定义一个整型、字符型的变量,以及对它们赋值的方法。
3. 掌握不同的数据类型之间赋值的规律。
4. 学会使用 C 语言的有关算术运算符,以及包含这些运算符的表达式,特别是自加(++)和自减(--)运算符的使用。
5. 编写顺序结构程序并运行。
6. 了解数据类型在程序设计语言中的意义。
7. 了解如何去完成一个简单的 C 程序。

二、实验内容

题目 1　阅读程序、加注释,并给出运行结果。

阅读程序,尝试写出程序的运行结果,然后输入并调试程序,对照其实际输出与分析的结果是否一致,若不一致,请找出原因。

(1) 熟悉变量定义。

```
#include <stdio.h>
void main()
{
    short int  s;
    char  c;
    s = 32767;   c = 127;
    printf("s = %d,c = %d",s,c);
    s = s + 1;   c = c + 1;
    printf("s = %d,c = %d",s,c);
}
```

运行结果:_____

(2) 熟悉整型变量的三种表示方法。

```
#include <stdio.h>
void main()
{
    int a,b,c,m,n;
    a = 11;
    b = 011;
    c = 0x11;
```

```
    m = 65;
    n = 97;
    printf("十进制11等于%d,八进制11等于%d,十六进制11等于%d,\n",a,b,c);
    printf("十进制   八进制   十六进制   字符\n");
    printf("  65       %o       %x       %c,\n",m,m,m);
    printf("  97       %o       %x       %c,\n",n,n,n);
}
```
运行结果：_____

(3)熟悉字符变量与整型变量及它们的互操作。
```
#include <stdio.h>
void main()
{
    char   c1 = 100,c2 = 'a';
    int    a = 5,b = 3;
    double c = 2.5,d;
    d = b/2 + (int)(a/2.0 + c1/'\062' + c2 * 2)/2.0;
    c2 = c2 + b;
    printf("d = %f,c2 = %c\n",d,c2);
}
```
运行结果：_____

(4)以下程序用于测试本机本操作系统中的C语言里不同类型数据所占内存字节数,运行并体会sizeof运算符的使用方法。
```
//sizeof运算的结果为一个int型的整数,表示其求解对象存储所占的内存字节数
#include <stdio.h>
void main()
{ int a = 1;
    printf("Size of char is %d\n",sizeof(char));
    printf("Size of short is %d\n",sizeof(short));
    printf("Size of int is %d\n",sizeof(int));
    printf("Size of long is %d\n",sizeof(long));
    printf("Size of float is %d\n",sizeof(float));
    printf("Size of double is %d\n",sizeof(double));
    printf("Size of long double is %d\n",sizeof(long double));
    printf("——————————————————\n");
    printf("Size of a is %d\n",sizeof(a));       //变量的类型所占内存字节数
    printf("Size of 3.0 * 10 is %d\n",sizeof(2.0 * 10));   //表达式运算结果的类型所占字节数
    printf("size of shaan xi is %d\n",sizeof("shaan xi"));   //字符串所占内存字节数
}
```

运行结果：_____

(5)熟悉自增、自减操作。
```c
#include <stdio.h>
void main()
{
    int a1,a2,a3,a4,b1,b2,b3,b4;
    a1 = a2 = a3 = a4 = 10;
    b1 = (a1++) + (a1++) + (a1++);
    b2 = (++a2) + (++a2) + (++a2);
    b3 = (a3--) + (a3--) + (a3--);
    b4 = (--a4) + (--a4) + (--a4);
    printf("a1=%d,a2=%d,b1=%d,b2=%d\n",a1,a2,b1,b2);
    printf("a3=%d,a4=%d,b3=%d,b4=%d\n",a3,a4,b3,b4);
}
```
运行结果：_____

(6)写出下面各逻辑表达式的值。设 a=3, b=4, c=5。
① a+b>c&&b==c　的值为：_____
② a‖b+c&&b-c　的值为：_____
③ !(a>b)&&!c‖1　的值为：_____
④ a&&b&&0　的值为：_____
⑤ !(a+b)+c-1&&b+c/2　的值为：_____

(7)有以下程序：
```c
#include <stdio.h>
main()
{ char c1,c2;
  c1 = 'A' + '8' - '4';
  c2 = 'A' + '8' - '5';
  printf("%c,%d\n",c1,c2);
}
```
已知字母 A 的 ASCII 码为 65,
运行结果：_____

(8)有以下程序：
```c
#include <stdio.h>
main()
{ int x,y,z;
  x = y = 1;
  z = x++,y++,++y;
  printf("%d,%d,%d\n",x,y,z);
}
```

运行结果：_____

(9) 有以下程序：
```
#include<stdio.h>
main()
{ int a;
  a=(int)((double)(3/2)+0.5+(int)1.99*2);
  printf("%d\n",a);
}
```
运行结果：_____

(10) 有以下程序：
```
#include <stdio.h>
main()
{ int a=37;
  a+=a%=9;
  printf("%d\n",a);
}
```
运行结果：_____

题目2　填写程序中空白处语句。

下面给出一个可以运行的程序，但是缺少部分语句，请按右边的提示补充完整缺少的语句。并在VC++上运行通过。

```
#include<stdio.h>
#define   (1)   5
void main()
{
    (2)      //定义整型变量a和b
    (3)      //定义实型变量i和j
   a=5;b=6;
   i=3.14;j=i*a*b*PI;
   printf("a=%d,b=%d,i=%f,j=%f\n",a,b,i,j);
}
```

题目3　程序改错并调试改正后的程序。

(1) 下列程序的功能为：计算 $x*y$ 的值并将结果输出。程序中有8处错误，尝试改正，说明原因，并上机调试。

```
#include <stdio.h>
void main
{ int x=2;y=3;a
  a=x*y
  print("a=%d",a);
  printf('\n');
```

}

(2)下列程序的功能为:输入圆的半径,计算圆面积并将结果输出。程序中有几处错误,尝试改正并上机调试。

```
# include   stdio.h;
# define  PI   3.14159
    intmain();
    float   r;l;area;PI;
    printf("input   r:\n");
    scanf("%f",r);
    l=2PIr;
    area=PI*r²;
    printf("r=%f,  l=%f,area=%f\n",l,area);
```

题目 4 程序改错,并调试改正后的程序。

(1)下列程序的功能为:输入一个华氏温度,要求输出摄氏温度。公式为:$C=\dfrac{5}{9}(F-32)$,输出取 2 位小数。请纠正程序中存在的错误,使程序实现其功能。

```
# include <stdio.h>
voidmain()
{ float c,f;
   printf("请输入一个华氏温度:\n");
   scanf("%f",f);                  //①
   c==(5/9)*(f-32);                //②
   printf("摄氏温度为:%5.2f\n"c);  //③
}
```

(2)下列程序的功能为:按下列公式计算并输出 x 的值。其中 a 和 b 的值由键盘输入。
$x=2ab/(a+b)^2$
请纠正程序中存在的错误,使程序实现其功能。

```
# include <stdio.h>
void main()
{ int a,b;
   float x;
   scanf("%d,%d",a,b);         //①
   x=2ab/(a+b)(a+b);           //②
   printf("x=%d\n",x);         //③
}
```

(3)请指出以下 C 程序的错误:

```
# include stdio.h;
main();                         /* main function */
    float   r,s;                /* r is radius,s is area of circular */
```

```
    r = 5.0;
    s = 3.14159 * r * r;
    printf("%f\n",s)
```
(4)请指出以下 C 程序的错误:
```
main                      /* main function */
{ float a,b,c,v           /* a,b,c are sides,v is volume of cube */
  a = 2.0;b = 3.0;c = 4.0
  v = a * b * c;
  printf("%f\n",v)
}
```
题目 5 编一个程序,实现从一个整数中取出其中的 4~7 二进制位。

三、思考题

1.求下面算术表达式的值。

(1)x+a%3*(x+y)%2/4

设 x=2.5,a=7,y=4.7

(2)(float)(a+b)/2+(int)x%(int)y

设 a=2,b=3,x=3.5,y=2.5

先自己分析,再试着用程序求解,看得到的结果是否一致。

2.写出下面表达式运算后 a 的值,设原来 a=10。设 a 和 n 已定义成整型变量。

(1)a+=a   (2)a-=2   (3)a*=2+3

(4)a/=a+a   (5)a+=a-=a*=a   (6)a%=(n%=2),n 的值等于 5

先自己分析,再试着用程序求解,看得到的结果是否一致。

3.写出一个 C 程序,输出三个数的和。

4.编程序,输出如下图形:
```
    *
    * *
    * * * *
    * * * * * *
    * * * * * * * *
```

5.写出正确使用数据类型的体会,并总结出常用运算符的优先级。

实验三　数据的输入输出

一、实验目的

1.进一步熟悉 VC++环境的使用方法和 C 程序的编辑、编译、链接和运行的过程。

2.学习 C 语言基本的输入、输出语句,以及如何进行格式的控制。掌握常用的 C 语言语句,熟练应用赋值、输入、输出语句。

3. 编写顺序结构程序并运行，了解如何去完成一个简单的 C 程序。

二、实验内容

题目 1 阅读程序加注释，并给出运行结果。

(1) 已知三角形边长求面积。

请给出运行结果，并对每条程序加以注释。

```
#include <stdio.h>
#include <math.h>        //头文件 math.h 中含函数 sqrt()的定义
void main()
{ double  a,b,c,s,area;
  a = 3;
  b = 4;
  c = 5;
  s = (a + b + c)/2;
  area = sqrt(s*(s-a)*(s-b)*(s-c));     //函数 sqrt()用于求一个数的平方
  printf("%4.1f,%4.1f,%4.1f,area is %4.2f\n",a,b,c,area);
}
```

运行结果：_____

(2) 键入以下代码，观察输出结果。

```
#include<stdio.h>
void main()
{ printf("This  prints a character,%c\n a number,%d \n a float,\
  %f\n",'z',123,456.789);
}
```

(提示：printf()函数占了两行，在第一行末尾使用了一个反斜杠(\)指出字符串将延续到下一行，因此编译器将把这两行代码视为一行)

运行结果：_____

(3) 请给出运行结果，并对每条程序加以注释。

```
#include <stdio.h>
#include <math.h>
main()
{ float a,b,c,disc,x1,x2,p,q;
  scanf("a=%f,b=%f,c=%f",&a,&b,&c);
  disc = b*b-4*a*c;
  p = -b/(2*a);   q = sqrt(disc)/(2*a);
  x1 = p + q;   x2 = p - q;
  printf("\n\nx1 = %5.2f\nx2 = %5.2f\n",x1,x2);
}
```

输入:a=1,b=3,c=2

运行结果:_____

(4) 观察以下代码的运行结果是否会显示在同一行?

```
#include<stdio.h>
void main()
{
    printf("hello,");
    printf("world");
}
```

运行结果:_____

(5) 学习使用按位与 & 运算。

程序分析:0&0=0;0&1=0;1&0=0;1&1=1

```
#include <stdio.h>
void main()
{
    int a,b;
    a = 077;
    b = a&3;
    printf("\40:The a & b(decimal) is %d \n",b);
    b& = 7;
    printf("\40:The a & b(decimal) is %d \n",b);
}
```

运行结果:_____

(6) 有以下程序:

```
#include<stdio.h>
main()
{ char a,b,c,d;
    scanf("%c%c",&a,&b);
    c = getchar();
    d = getchar();
    printf("%c%c%c%c\n",a,b,c,d);
}
```

当执行程序时,按下列方式输入数据(从第1列开始,↵代表回车,注意:回车也是一个字符):

12 ↵

34 ↵

运行结果:_____

(7) 有以下程序:

```
#include<stdio.h>
main()
{ char b,c;int i;
  b='a';c='A';
  for(i=0;i<6;i++)
  { if(i%2)putchar(i+b);
    else putchar(i+c);
  } printf("\n");
}
```

运行结果：_____

题目2 体验数据格式输入、输出的效果。

分析以下程序,假设依据给定的内容输入,其输出会怎样？实际运行并按照要求输入,比较其输出结果与分析的结果是否一致。

(1)十、八、十六进制数的输入与输出。

```
#include "stdio.h"
void main()
{
   int a,b,c,d;
   scanf("%d,%x,%o,%c",&a,&b,&c,&d);
   printf("a=%d,b=%d,c=%d,d=%c\n",a,b,c,d);
}
```

输入：10,10,10,10 ↵   输出：_____

输入：10 10 10 10 ↵   输出：_____

正确否？为什么？

(2)控制字符与修饰符的使用1。

```
#include "stdio.h"
void main()
{
   int   a,d;
   float b;
   char c;
   scanf("%2d%*2d%2f%2c%d",&a,&b,&c,&d);
   printf("a=%d,b=%f,c=%c,d=%d\n",a,b,c,d);
}
```

输入：12345678900 ↵   输出：_____

输入：123456789m0 ↵   输出：_____

输入：12 34 56 78900 ↵输出：_____

正确否？为什么？

输入：
    12 ↵
    34 ↵
    5678900 ↵

输出：_____

(3) 格式字符与修饰符的使用2。
```
#include <stdio.h>
void main()
{
  int a = 1234;
    float f = 123.456;
    char c[] = "Hello,world!";
    printf("%8d,%-8d\n",a,a);
    printf("%10.2f,%-10.1f\n",f,f);
    printf("%10.5s,%-10.3s\n",c,c);
    printf("%08d\n",a);
    printf("%010.2f\n",f);
    printf("%0+8d\n",a);
    printf("%0+10.2f\n",f);
}
```
输出：_____

(4) getchar 与 putchar 的使用。
```
#include<stdio.h>
void main()
{ char c1,c2;              /*思考:此处能否为int型*/
  c1 = getchar();
  c2 = getchar();
  putchar(c1);
  putchar(c2);
  putchar('\n');
  printf("c1=%d,c2=%d\n",c1,c2);
  printf("c1=%c,c2=%c\n",c1,c2);
}
```
输入:B1↵   输出：_____
说明每输出项的含义。
输入:B↵   输出：_____
说明每输出项的含义。

题目3 在程序的空白处填入正确的语句。

以下程序的功能是从键盘上输入一个整型数、一个实型数和一个字符型数,并把它们在屏幕上输出,完成以下填空,并把程序调通,写出运行结果。

```c
#include "stdio.h"
void main()
{
    int a;float b;char c;
    scanf("%d,%f,%c",   ①   );
    printf("a =   ②   \n",a);
    printf("b =   ③   \n",b);
    printf("c =   ④   \n",c);
}
```

题目4 按格式要求输入/输出数据。

①有如下程序:

```c
#include "stdio.h"
void main()
{
    int a,b;
    float x,y;
    char c1,c2;
    scanf("a=%d,b=%d",&a,&b);
        //注意在键盘上输入数据的格式必须和scanf中的格式一致
    scanf("%f,%e",&x,&y);
    scanf("&c &c",&c1,&c2);
        //注意在键盘上输入数据的格式必须和scanf中的格式一致
    printf("a=%d,b=%d,x=%f,y=%f,c1=%c,c2=%c\n",a,b,x,y,c1,c2);
}
```

调试该程序,如有语法错误,给出修改。无语法错误后,运行该程序,按如下方式在键盘上输入数据:

a=3,b=7 ↵
8.5,71.82 ↵
a,A ↵

写出输出结果,并对结果进行分析。

②将以上程序修改为如下程序:

```c
#include "stdio.h"
voidmain()
{
    int a,b;
```

```
    float x,y;
    char c1,c2;
    scanf("a=%5d,b=%3d",&a,&b);
    scanf("%f,%e",&x,&y);
    c1=getchar();
    c2=getchar();
    printf("a=%6d,b=%d,x=%2.3f,y=%f\n",a,b,x,y);
    putchar(c1);
    putchar(c2);
}
```

调试该程序,如有语法错误,给出修改。无语法错误后,运行该程序,按如下方式在键盘上输入数据:

a=   3,b=   7↵
8.5,71.82↵
a,A↵

仔细分析结果,最终能得到什么结论?分析 getchar 和 scanf 的区别和联系,putchar 和 printf 的区别和联系。

题目 5 上机改错题。

以下程序多处有错。若指定必须按下面的形式输入数据,并且必须按下面指定的形式输出数据,请对该程序作相应的修改。

```
main                                    //①
{ double a,b,c,s,v;
    printf(input a,b,c:\n);             //②
    scanf("%d %d %d",a,b,c);            //③
    s=a*b;                              /* 计算长方形面积 */
    v=a*b*c;                            /* 计算长方体体积 */
    printf("%d %d %d",a,b,c);           //④
    printf("%s=%f\n",s,"v=%d\n",v);     //⑤
}
```

当程序执行时,屏幕的显示和要求输入形式如下:

input a,b,c:2.0 2.0 3.0   //此处的"2.0 2.0 3.0"是用户输入的数据
a=2.000000,b=2.000000,c=3.000000 //此处是要求的输出形式
s=4.000000,v=12.000000

题目 6 编写一个程序实现如下菜单样式。

                    Menu
    ==

    1. Input the students' names and scores
    2. Search scores of some students

3. Modify scores of some students
4. List all students' scores
5. Quit the system
= =
Please input your choise(1-5):

提示:使用 printf 语句将菜单样式进行输出。

题目7 自加、自减运算符以及 printf 的输出顺序问题。

仔细分析下列程序,写出运行结果,再输入到计算机运行,将得到的结果与分析所得到的结果进行比较。

```
#include <stdio.h>
void main()
{
    int i,j,m=0,n=0;
    i=6;
    j=9;
    m+=i++;
    n-=--j;
    printf("i=%d,j=%d,m=%d,n=%d",i,j,m,n);
}
```

再将 printf 语句改为:
```
printf("%d,%d,%d,%d",i,j,i++,j++);
```
给出输出结果。

三、思考题

1. 分析输入和输出函数中的格式转换符有什么区别。
2. 根据上面的上机练习,总结 scanf() 函数在输入数据时,要注意哪些问题。

实验四 选择结构

一、实验目的

1. 学习使用流程图来解决程序的分析和结构的组织。
2. 了解 C 语句表示逻辑量的方法(以 0 代表"假",以 1 代表"真")。
3. 掌握关系运算符和关系表达式的使用方法,逻辑运算符和逻辑表达式的使用方法。
4. 掌握选择结构程序的设计技巧,熟练掌握 if 语句和 switch 语句的使用,特别是 if 语句及 switch 语句的嵌套使用。
5. 结合程序掌握一些简单的算法。

二、实验内容

题目1 熟悉画流程图软件 VISIO 的使用。

指导学生使用 VISIO 画出下列流程图(见图 1-18)。

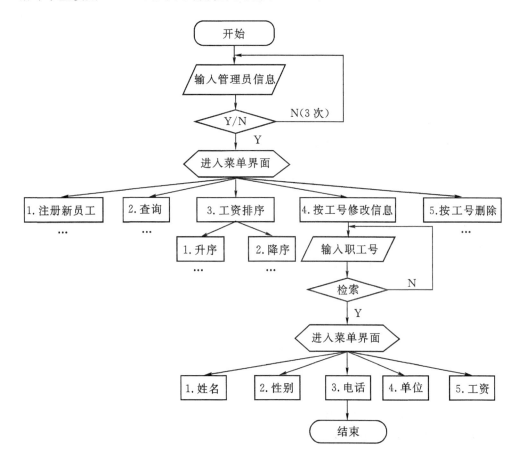

图 1-18 职工信息管理系统流程示意图

题目2 阅读程序、加注释并给出运行结果。

(1)有以下程序：
```
#include <stdio.h>
void main()
{
    int x,y;
    scanf("%d",&x);
    if(x<0)y = -1;
    else  if(x == 0)   y = 0;
        else y = 1;
    printf("x = %d,y = %d \n",x,y);
```

}

当 x 输入 −5 时,运行结果:_____

当 x 输入 0 时,运行结果:_____

当 x 输入 3 时,运行结果:_____

(2)有以下程序:

```c
#include <stdio.h>
void  main()
{
    int   nX = 5,nY = 3,nZ = 2;
    if(nX>6)
        printf("* * * * * *\n");
        if(nY == 3)
            printf("# # # # # #\n");
        else  if(nZ<3)
            printf("$ $ $ $ $ $\n");
    else
    printf("% % % % % %\n");
}
```

运行结果:_____

(3)有以下程序:

```c
#include <stdio.h>
void  main()
{
    int   x = 100,a = 10,b = 20;
    int   temp1 = 5,temp2 = 0;
        if(a<b)
            if(b! = 15)
                if(! temp1)
                    x = 1;
                else
                    if(temp2)   x = 10;
                    printf("%d",x);
}
```

运行结果:_____

(4)编写一个程序实现如下功能:输入一个整数,判断它能否被 3,5,7 整除,并输出该数所属类型。A:能同时被 3,5,7 整除;B:能被其中两数(要指出哪两个)整除;C:能被其中一个数(要指出哪一个)整除;D:不能被 3,5,7 任一个整除。

```c
#include <stdio.h>
void main()
```

```
{ int n,s = 0;
  printf("Please input n = :");
  scanf("%d",&n);
  if(n%3 == 0)s + = 1;
  if(n%5 == 0)s + = 2;
  if(n%7 == 0)s + = 4;
  switch(s)
  {   case 0: printf("D:none\n");break;
      case 1: printf("C:3\n");break;
      case 2: printf("C:5\n");break;
      case 3: printf("B:3,5\n");break;
      case 4: printf("C:7\n");break;
      case 5: printf("B:3,7\n");break;
      case 6: printf("B:5,7\n");break;
      case 7: printf("A:3,5,7\n");break;
  }
}
```

当 n 输入 105 时,运行结果：_____

当 n 输入 123 时,运行结果：_____

当 n 输入 124 时,运行结果：_____

当 n 输入 567 时,运行结果：_____

(5)有以下程序：

```
#include<stdio.h>
main()
{ int x;
  scanf("%d",&x);
  if(x>15)printf("%d",x-5);
  if(x>10)printf("%d",x);
  if(x>5)printf("%d\n",x+5);
}
```

若程序运行时从键盘输入 12 ↵,则输出结果为_____。

(6)有以下程序：

```
#include<stdio.h>
main()
{ int x = 1,y = 0;
  if(!x)y + +;
  else if(x == 0)
        if(x)y + = 2;
        else y + = 3;
```

```
        printf("%d\n",y);
    }
```
程序运行后的输出结果是_____。

(7)有以下程序：
```
#include <stdio.h>
main()
{ int s=0,n;
    for(n=0;n<3;n++)
    { switch(s)
        { case 0:
          case 1:s+=1;
          case 2:s+=2;break;
          case 3:s+3;
          case 4:s+=4;
        }
        printf("%d\n",s);
    }
}
```
程序运行后的结果是_____。

(8)有以下程序：
```
#include<stdio.h>
main()
{ int m,n;
    scanf("%d%d",&m,&n);
    while(m!=n){
        while(m>n)m=m-n;
        while(m<n)n=n-m;
    }
    printf("%d\n",m);
}
```
程序运行后，当输入 14 63 ↲时，输出结果是_____。

题目 3 在程序的空白处填入正确的语句。

(1)下列程序的功能为：加、减、乘、除四则运算。
```
#include <stdio.h>
void main()
{ int a,b,d;
    char ch;
    printf("Please input a expression:");
    scanf("%d%c%d", ①  );
```

```
    switch( ②  )
{   case ´+´:   d = a + b;
            printf("%d + %d = %d\n",a,b,d);
                 ③
    case ´-´:d = a - b;
            printf("%d - %d = %d\n",a,b,d);
                 ④
    case ´*´:d = a * b;
            printf("%d * %d = %d\n",a,b,d);
                 ⑤
    case ´/´:if( ⑥  )
            printf("Divisor is zero\n");
        else
            printf("%d/%d = %f\n",a,b,( ⑦  )a/b);   /*强制类型转换*/
        break;
    default:printf("Input Operator error! \n");
    }
}
```

(2)由键盘输入的一个字符,判断是数字、英文字符还是其他字符。

```
#include <stdio.h>
void main()
{
    char    ①  ;
    scanf("% ②  ",&c);        //"逻辑与"用"&&"表示,"逻辑或"用"||"表示
    if( ③  )                  //判断是否是数字字符
    printf("%c is a digit\n",c);
    else  if( ④  || ⑤  )     //判断是否是英文字符
            printf("%c is a letter\n",c);
        else  printf("%c an other character.\n",c);   //输出提示信息:该字符为其
                                                       他字符
}
```

题目 4 使用 if 语句编程题。

设有一函数:

$$y = \begin{cases} x & (x < 1) \\ 2x - 1 & (1 \leqslant x < 10) \\ 3x - 11 & (x \geqslant 10) \end{cases}$$

用 scanf 函数输入 x 的值,求 y 值。

算法提示:

(1)定义变量 x, y;

(2) 提示输入"Please enter x:";
(3) 读入 x;
(4) 判断 x 所在的区间,对应出 y 的计算公式并求值(进一步细化);
(5) 打印结果。
测试结果:

x	y
-1	
5	
10	

题目 5　分别使用 if 语句和 switch 语句编程。

输入某学生的成绩,经处理后给出学生的等级,等级分类如下:

　　90 分以上(包括 90):　A
　　80 至 90 分(包括 80):　B
　　70 至 80 分(包括 70):　C
　　60 至 70 分(包括 60):　D
　　60 分以下:　　　　　　E

方法一:用 if 嵌套。

(1)分析问题。

由题意知如果某学生成绩在 90 分以上,等级为 A;否则,如果成绩大于 80 分,等级为 B;否则,如果成绩大于 70 分,等级为 C;否则,如果成绩大于 60 分,等级为 D;否则,如果成绩小于 60 分,等级为 E;但当我们输入成绩时也可能输错,出现小于 0 或大于 100,这时也要做处理,输出出错信息。因此,在用 if 嵌套前,应先判断输入的成绩是否在 0~100 之间。

(2)画出实现流程图,根据流程图编写源代码。

输入测试数据调试程序。测试数据要覆盖所有路径,注意临界值,例如此题中的 100,60,0 以及小于 0 和大于 100 的数据。

方法二:用 switch 语句。

(1)分析问题。

switch 语句是用于处理多分支的语句。注意,case 后的表达式必须是一个常量表达式,所以在使用 switch 语句之前,必须把 0~100 之间的成绩分别化成相关的常量。所有 A(除 100 以外),B,C,D 类成绩的共同特点是十位数相同,此外都是 E 类。则由此可得把 score 除十取整,化为相应的常数。

(2)画出实现流程图,根据流程图编写源代码。

(3)修改程序中的 default 和 case 的顺序,再观察结果,并分析原因。

(4)去掉部分 case 语句后的 break 语句,再观察结果,并分析原因。

运行此程序,对每条程序加注释,并分析结果。

题目 6　编程题。

(1)若 a 的取值范围是 $0<a<100$,请将以下选择结构的程序改写成由 switch 语句构成的

选择结构程序。

```
#include <stdio.h>
int main()
{
    int a,m;
    printf("Enter a number:");
    scanf("%d",&a);
    printf("a = %d\n",a);
    if(a<30)m = 1;
    else if(a<40)m = 2;
    else if(a<50)m = 3;
    else if(a<60)m = 4;
    else m = 5;
    printf("m = %d\n",m);
    return 0;
}
```

(2)设有一函数：

$$y = \begin{cases} x & (-5 < x < 0) \\ x-1 & (x = 0) \\ x+1 & (0 < x < 10) \end{cases}$$

编写程序，要求输入 x 的值，输出 y 的值。分别用：
① 不嵌套的 if 语句；
② 嵌套的 if 语句；
③ if-else 语句；
④ switch 语句。

三、思考题

1. C 语言如何表示"真"与"假"，系统如何判断一个量的"真"与"假"。
2. 分析 if 语句与 switch 语句的区别。
3. 输入 4 个整数，要求按由小到大的顺序输出。
4. 某托儿所收 2 岁到 6 岁的孩子，2 岁、3 岁孩子进小班(Lower class)；4 岁孩子进中班(Middle class)；5 岁、6 岁孩子进大班(Higher class)。编写程序(用 switch 语句)，输入孩子年龄，输出年龄及进入的班号。如，输入：3；输出：age：3，enter Lower class。
5. 自守数是其平方后尾数等于该数自身的自然数。例如：
25 * 25 = 625
76 * 76 = 5776
任意输入一个自然数，判断是否为自守数并输出。如：
25 yes 25 * 25 = 625
11 no 11 * 11 = 121

实验五　循环结构

一、实验目的

1. 熟悉循环结构程序设计的三种控制语句 while、do-while、for 的使用方法,体会三种循环语句的异同,能在不同情况下正确选用循环语句。
2. 掌握 break 语句和 continue 语句的作用与使用方法。
3. 掌握选择结构与循环结构的嵌套,能在程序设计中用循环的方法实现各种常用算法。

二、实验内容

题目 1　阅读程序、加注释,并给出运行结果。

(1) do-while 语句的使用。

```
#include <stdio.h>
void main()
{
    int sum,counter;
    sum = 0;
    counter = 1;
    do
    {   sum = sum + counter;
        counter = counter + 1;
    }while(counter <= 100);
    printf("1 + 2 + 3 + … + 100 = %d\n",counter);
}
```

运行结果:＿＿＿＿＿＿＿＿＿＿＿＿＿＿＿＿＿＿＿＿＿＿＿＿＿＿＿

(2) switch 语句的使用。

```
#include <stdio.h>
void main()
{
    int x,y;
    for(y = 0,x = 1;x<4;x++)
    {
        if(y == 2){ x -= y;   continue;}
        switch(x)
        {
            case 1:   printf("x = %d  ",x);continue;
            case 2:   printf("x + y = %d  ",x + y);break;
            case 3:   printf("x * y = %d  ",x * y);continue;
```

```
            case 4: printf("x-y=%d ",x-y);break;
       }
       printf("y=%d ",++y);
   }
}
```
运行结果：_____

(3) for 语句的使用 1。

有以下程序：

```
#include<stdio.h>
main()
{ int f,f1,f2,i;
  f1=0;f2=1;
  printf("%d %d",f1,f2);
  for(i=3;i<=5;i++)
    { f=f1+f2;
      printf("%d",f);
      f1=f2;
      f2=f;
    }
  printf("\n");
}
```

运行结果：_____

(4) for 语句的使用 2。

```
#include <stdio.h>
void main()
{
    int m,n;
    for(n=1;n<=9;n=n+1)
      { for(m=1;m<=n;m=m+1)
        printf("%-4d",m);
        printf("\n");
      }
}
```

运行结果：_____

(5) continue 语句的使用。

有以下程序：

```
#include <stdio.h>
main()
{int k=1,s=0;
```

```
do{
  if((k%2)!=0)continue;
  s+=k;k++;
}while(k>10);
printf("s=%d\n",s);
}
```

运行结果：_____

(6)break 语句的使用。

有以下程序：
```
#include <stdio.h>
main()
{   int i,j,m=1;
    for(i=1;i<3;i++)
    { for(j=3;j>0;j--)
        { if(i*j>3)break;
          m*=i*j;
        }
    }
    printf("m=%d\n",m);
}
```

运行结果：_____。

(7)三重循环的使用。

有1、2、3、4四个数字，能组成多少个互不相同且无重复数字的三位数？都是多少？

程序分析：可填在百位、十位、个位的数字都是1、2、3、4。组成所有的排列后再去掉不满足条件的排列。程序源代码如下：
```
#include "stdio.h"
void main()
{
  int i,j,k;
  printf("\n");
  for(i=1;i<5;i++)
    for(j=1;j<5;j++)
      for(k=1;k<5;k++)
      {
        if(i!=k&&i!=j&&j!=k)
        printf("%d,%d,%d ",i,j,k);
      }
}
```

运行结果：_____

(8) 循环嵌套例。

一个整数,它加上 100 后是一个完全平方数,再加上 268 又是一个完全平方数,请问该数是多少?

程序分析:在 10 万以内判断,先将该数加上 100 后再开方,再将该数加上 268 后再开方,如果开方后的结果满足如上条件,即是结果。程序源代码如下:

```
#include "math.h"
#include "stdio.h"
void main()
{
    long int i,x,y,z;
    for(i = 1;i<100000;i ++ )
    {
        x = sqrt(i + 100);
        y = sqrt(i + 268);
        if(x * x == i + 100&&y * y == i + 268)
            printf("\n % ld\n",i);
    }
}
```

题目 2 程序填空(请填写适当的符号或语句,使程序实现其功能)。

(1) 下列程序的功能为:用辗转相除法求两个正整数的最大公约数。

算法提示:

①将两数中大的那个数放在 m 中,小的放在 n 中。

②求出 m 被 n 除后的余数。

③若余数为 0 则执行步骤⑦;否则执行步骤④。

④把除数作为新的被除数;把余数作为新的除数。

⑤求出新的余数。

⑥重复步骤③到⑤。

⑦输出 n,n 即为最大公约数。

```
#include <stdio.h>
void main()
{
    int a,b,m,n,t;
    printf("please input two numbers:\n");
    scanf(" % d, % d",&m,&n);
    if(m<n)    //交换两个数,使大数放在 m 上
        {_____①_____}
            a = m;b = n;
            while(b! = 0)      //利用辗除法,直到 b 为 0 为止
            {
```

　　　　　　　　② _____
　　}
　　printf("gongyueshu:%d\n",a);
}

(2)有以下程序段：
s=1.0;
for(k=1,k<=n;k++)
　　s=s+1.0(k*(k+1));
printf("%f\n",s);
请填空，使以下程序段的功能与上面的程序段完全相同。
s=1.0;　k=1;
while(_____)
{ s=s+1.0\(k*(k+1));
　k=k+1;
}
printf("%f\n",s);

(3)下列程序的功能为：输入一个正整数，求取该数的位数及倒序数(如1234的倒序数为4321)。
#include<stdio.h>
void main()
{
　　int n,m=0;
　　printf("输入一个整数：");
　　scanf("%d",&n);
　　while(①)
　　{
　　　m=m* ② ;
　　　n/=10;
　　}
　　printf("%d\n", ③);
}

(4)输入一行字符(以回车作为结束)，分别统计出其中英文字母、空格、数字和其他字符的个数。
#include<stdio.h>
void main(void)
{
　　char ch;
　　int char_num=0,space_num=0,digit_num=0,other_num=0;
　　while((ch=getchar())!='\n')//回车键结束输入，并且回车符不计入

```
        {
            if(  ①  )
            {
                char_num++;
            }
            else if(ch ==  ②  )
            {
                space_num++;
            }
            else if(  ③  )
            {
                digit_num++;
            }
            else
            {
                other_num++;
            }
        }
        printf("字母=%d,空格=%d\n",char_num,space_num);
        printf("数字=%d,其它=%d\n",digit_num,other_num);
}
```

(5) 下面程序的功能是:输出 100 以内能被 3 整除且个位数为 6 的所有整数。

```
#include <stdio.h>
void main()
{   int i,j;
    for(i=0;  ①  ;i++)
    {   j=i*10+6;
        if(  ②  ) continue;
        printf(" %d\n",j);
    }
}
```

(6) 下面程序的功能是计算 1-3+5-7+…-99+101 的值,请填空。

```
#include <stdio.h>
void main()
{   int i,t=1,s=0;
    for(i=1;i<=101;i+=2)
    {    ①  ;
        s=s+t;
         ②  ;
```

```
        }
    printf("%d\n",s);
}
```

(7)下列程序的功能为:用"奇数"构成的三角形,行数 n 从键盘输入。若 n 为 5 时,结果如下所示,请填写适当的符号或语句,使程序实现其功能。

```
1
3    5
7    9   11
13   15   17   19
21   23   25   27   29
```

```c
#include <stdio.h>
main()
{ int i,j,n,k;
  scanf("%d",&n);
  for(k=-1,i=1;i<=n;i++)
    { for(j=1;  ①  ;j++)
        printf("%4c",' ');
      for(j=1;  ②  ;j++)
        printf("%4d",k=  ③  );
      printf("\n");
    }
}
```

(8)填空题。
有以下程序段:
```c
s=1.0;
for(k=1;k<=n;k++)
    s=s+1.0/(k*(k+1));
printf("%f\n",s);
```
请填空,使下面的程序段的功能完全相同。
```c
s=0.0;
   ①   ;
k=0;
do{
   s=s+d;
      ②   ;
   d=1.0/(k*(k+1));
} while(  ③  );
printf("%f\n",s);
```

题目 3　改错题 1(请纠正程序中存在错误，使程序实现其功能)。

下列程序的功能为：倒序打印 26 个英文字母。

```
#include <stdio.h>
void main()
{ char x;
  x = 'z';                         //①
  while(x! = 'a')
  {  printf("%3c  ",x);
                                   //②
  }
}
```

题目 4　改错题 2(请纠正程序中存在错误，使程序实现其功能)。

(1)输入某课程的成绩(学生人数未知，以负数作为输入结束，大于 100 视为无效成绩)，求课程成绩的平均分。

```
#include<stdio.h>
void main()
{ float score,sum = 0,average;
  int persons = 0;
  while(1)
  { scanf("%f",&score);
    if(score<0)
       continue;                   //①
    else if(score>100)
        break;                     //②
    else
    { sum + = score;
      persons + + ;
    }
  }
  average = (float)(sum/persons);
  printf("person = %d,average score = %f\n",persons,average);
}
```

(2)下列程序的功能为：输出如下的图形，要求顶端的 * 定位在第 21 字符位置。

```
         *
        * *
       * * *
      * * * *
```

```
#include <stdio.h>
void main()
```

```
{ int i,j;
    for(i=0;i<4;i++)
    { for(j=0;j<=20;j++)        //①
        printf("\n");             //②
      for(j=0;j<2*i+1;j++)
        printf("*");
                                  //③
    }
}
```

题目 5 分别用 while、do-while、for 语句编程,求数列前 20 项之和:2/1,3/2,5/3,8/5,13/8…

(1)试画出流程图;

(2)编写程序;

(3)运行结果截屏。

算法提示:

①定义实变量 sum、term、a、b、c,整变量 i;

②初始化:sum=0,分子 a=2,分母 b=1;

③初始化:i(计数器)=1;

④计算第 i 项 term=a/b;

⑤累加 sum=sum+term;

⑥计算 c=a+b,更新 b=a,更新 a=c;

⑦计数器加 1,i++;

⑧重复 4、5、6、7,直到 i>20;

⑨输出 2 位精度的结果(例如:数列前 20 项和=*.*)。

题目 6 编程题。

(1)求 n! =1*2*3*…*n。

(2)计算多项式的值:s=1! +2! +3! +4! +…+20!。

算法提示:该多项式迭代公式为:n=n*i,sum=sum+n。

注意:哪些变量需要初始化?变量应采用什么类型?

①试画出流程图;

②编写程序;

③上机运行结果;

④把每一次迭代结果输出,程序应做怎样的修改?

⑤如果程序中只需要修改一处就可以改变所求和的项数,程序应做怎样的修改?

(3)打印输出 100~200 之间的素数。

(4)编写一个程序,输出所有这样的三位数(水仙花数):这个三位数本身恰好等于其每个数字的立方和(如 $153=1^3+5^3+3^3$)。

题目7 编程题。

(1)编写程序,利用 $\frac{\pi}{4}=1-\frac{1}{3}+\frac{1}{5}-\frac{1}{7}+\frac{1}{9}-\cdots$ 公式求 π 的近似值,直到最后一项的绝对值小于 10^{-6} 为止。(求绝对值方法 double fabs(double x)在 math.h 文件中)

(2)使用双层 for 循环打印如下由星号组成的倒三角图形:

```
* * * * * * *
 * * * * *
  * * *
   *
```

三、思考题

1. 分析各种循环控制语句的区别。break、continue 语句的区别。

2. 求 20 以内的能被 3 或 5 整除的数的阶乘的累加和,即求 3!+5!+6!+9!+…+20!。

3. 求 $S_n=a+aa+aaa+\cdots+aa\cdots aaa$(有 n 个 a)之值,其中 a 是一个数字。例如:$2+22+222+2222+22222(n=5)$,n 由键盘输入。

4. 输入两个正整数 m 和 n,求它们的最大公约数和最小公倍数。

5. 编写一个程序实现如下功能:验证 100 以内的数满足下列结论:任何一个自然数 n 的立方都等于 n 个连续奇数之和。例如:$1^3=1$;$2^3=3+5$;$3^3=7+9+11$。

6. 编写程序实现输入整数 n,输出如下所示由数字组成的菱形(图中 $n=5$)。

```
    1
   1 2 1
  1 2 3 2 1
 1 2 3 4 3 2 1
1 2 3 4 5 4 3 2 1
 1 2 3 4 3 2 1
  1 2 3 2 1
   1 2 1
    1
```

实验六 数组

一、实验目的

1. 了解数组的特点,掌握一维数组的定义、初始化及其使用方法。
2. 掌握二维数组的定义、初始化及其使用方法。
3. 掌握字符串的输入输出方法,熟悉常用的字符串操作函数。
4. 继续掌握排序算法。
5. 学习用数组实现相关的算法(如排序、求最大和最小值、对有序数组的插入等)。

二、实验内容

题目 1 阅读程序加注释,并给出运行结果。

(1)有以下程序:
```
#include<stdio.h>
main()
{ int i,n[5]={0};
  for(i=1;i<=4;i++)
  { n[i]=n[i-1]*2+1;
    printf("%d",n[i]);
  }
  printf("\n");
}
```
运行结果:_____

(2)有以下程序:
```
#include<stdio.h>
main()
{ int a[5]={1,2,3,4,5},b[5]={0,2,1,3,0},i,s=0;
  for(i=0;i<5;i++)
s=s+a[b[i]];
printf("%d\n",s);
}
```
运行结果:_____

(3)有以下程序:
```
#include<stdio.h>
main()
{ int n[2],i,j;
for(i=0;i<2;i++)
  n[i]=0;
  for(i=0;i<2;i++)
    for(j=0;j<2;j++)
      n[j]=n[i]+1;
printf("%d\n",n[1]);
}
```
运行结果:_____

(4)有以下程序:
```
#include<stdio.h>
main()
{ int b[3][3]={0,1,2,0,1,2,0,1,2},i,j,t=1;
```

```
      for(i = 0;i<3;i ++ )
        for(j = i;j< = i;j ++ )
          t + = b[i][b[j][i]];
      printf("%d\n",t);
}
```
运行结果：_____

(5)有以下程序：
```
#include<stdio.h>
main()
{ char s[] = {"012xy"};int i,n = 0;
  for(i = 0;s[i]! = 0;i ++ )
    if(s[i]>'a'&&s[i]< = 'z')n + + ;
  printf("%d\n",n);
}
```
运行结果：_____

(6)有以下程序：
```
#include <stdio.h>
main()
{ char a[5][10] = {"one","two","three","four","five"};
  int i,j;
  char t;
  for(i = 0;i<4;i ++ )
    for(j = i + 1;j<5;j ++ )
    if(a[i][0]>a[j][0])
    { t = a[i][0];
      a[i][0] = a[j][0];
      a[j][0] = t;
    }
  puts(a[1]);
}
```
运行结果：_____

题目 2 程序填空(请填写适当的符号或语句,使程序实现其功能)。

(1)输入 10 个整数,输出最大数。
```
#include <stdio.h>
void main()
{
  int i,array[____①____],big;
  for(i = 0;i<10;i ++ )
    scanf("%d",____②____);           //给数组中所有元素赋值
```

```
        big = array[0];
        for(i = 0;i<10;i++)                    //找出数组中最大的元素
            if(    ③    )big = array[i];
        printf("The biggest is %3d\n",    ④    );   //输出数组中最大的元素
}
```

(2)从键盘输入 10 个数,用"冒泡法"对 10 个数从小到大排序,并按格式要求输出。程序代码如下,请填充完整。数字间由一个空格分隔。

```
#include "stdio.h"
main()
{ int a[10],i,j,t;
  for(i = 0;i<10;i++)
    scanf("%d",    ①    );
  for(    ②    )
    { for(j = 0;j<    ③    ;j++)
        if(    ④    )
          {    ⑤    }
    }
  for(i = 0;i<10;i++)
    printf("%d",a[i]);
}
```

(3)下列程序的功能为:在一行文字中,删除其中某个字符,需要删除的字符由键盘输入。

```
#include<stdio.h>
#include<string.h>
void main()
{ char line[80],ch;
  int i,j,len;
  printf("输入一行字符\n");
      ①    ;
  printf("输入要删除字符");
  ch = getchar();
  i = 0;
  while(line[i]! = '\0')
   { while(    ②    && line[i]! = ch)  i++;
     len = strlen(line);
     for(j = i;j<len-1;j++)
          ③    ;//串中待删除字符之后的字符依次向前移动一个位置。
     line[j] = '\0';
   }
   puts(line);
```

(4)有 n 个学生,学习 m 门课程,已知所有学生全部课程的成绩,要求输出每门课程最高分的学生学号、课程代号和成绩。

```c
#define N 50
#define M 20
#include <stdio.h>
main()
{ char a[N][10];          //学号
  float score[N][M],max_score;   //成绩
  int n,m,i,j,studid;
  /*输入学生的学号和各门课程的成绩*/
  printf("学生数 n,课程数 m:");
  scanf("%d,%d",&n,&m);
  for(i=1;i<=n;i++)
  { printf("输入第%d位学生的学号:",i);
    scanf("%s",_____①_____);
    printf("按课程顺序输入成绩:");
    for(j=1;j<=m;j++)
      scanf("%f",_____②_____);
  }
  /*找出每门课程最高的学生学号、课程代号和成绩并输出*/
  for(j=1;j<=m;j++)
  {
    studid=1;max_score=score[1][j];
    for(i=1;i<=n;i++)
      if(score[i][j]>max_score)
      {_____③_____
        studid=i;
      }
    printf("第%d门课程最高分的学生学号是:%s,成绩为:%6.2f\n",j,a[studid],
        max_score);
  }
}
```

题目 3 填空题。

以下程序统计从终端输入的字符中每个大写字母的个数,num[0]中统计字母 A 的个数,其他以此类推。用"#"结束输入。请填空。

```c
#include <stdio.h>
#include <ctype.h>
main(){
```

```
        int num[26]={0},i;char c;
        while(  ①  !='#')
            if(isupper(c))num[  ②  ]+=1;
        for(i=0;i<26;i++)
            if(num[i])printf("%c:%d\n",i+'A',num[i]);
}
```

题目4 改错题(请纠正程序中存在错误,使程序实现其功能)。

(1)下列程序的功能是:为指定的数组输入10个数据,并求这10个数据之和。但程序中存在若干错误,请纠正。

```
#include<stdio.h>
void main()
{  int n=10,i,sum=0;
   int a[ n ];                    //①
   for(i=0;i<10;i++)
   {
     scanf("%d",  a[i]);          //②
     sum=sum+a[i];
   }
   printf("sum=%d\n",sum);
}
```

(2)输入9个数,按照每行3个数的格式显示,并求出这些数中的最大值、最小值以及平均值。

```
#include<stdio.h>
#define N  9;                     //①
void main()
{  int i,sum=0,a[N],              //②
   for(i=0;i<N;i++)
     scanf("%d",a[i]);            //③
   sum=max=min=a[0];
   for(i=0;i<N;i++)
   {  sum+=a[i];
      if(a[i]>max)
          max=a[i];
      else if(a[i]<min)
          min=a[i];
   }
   for(i=0;i<N;i++)
   {  printf("%8d ",a[i]);        //④
      if(i%3==0)  printf("\n");   //⑤
```

}
        printf("max = %d   min = %d   average = %lf\n",max,min,sum*1.0/N);
}
```

(3)计算一个 $n*n$ 矩阵中对角线(含正、反对角线)上的元素之和(注意：奇数阶对角线有交叉)。

```c
#include <stdio.h>
void main()
{ const int n = 3;
    int i,j,sum,a[][n] = {1,2,3,4,5,6,7,8,9};    //①
    for(i = 0;i<=n;i++)                           //②
        for(j = 0;j<=n;j++)
            if(i == j || i + j == n)              //③
                sum += a[i][j];
    printf("sum = %d\n",sum);
}
```

题目 5 调试。

输入一个正整数 $n(0<n\leqslant 0)$ 和一组(n 个)有序整数,再输入一个整数 x,把 x 插入到这组数据中,使该组数据仍然有序。

源程序(有错误的程序)：

```c
#include <stdio.h>
void main()
{ int i,n,x;
    int a[n];                          //①
    int b[n+1];                        //②
    printf("输入数据的个数 n:");
    scanf("%d",&n);
    printf("输入%d个整数:",n);
    for(i = 0;i<n;i++)
    { scanf("%d",&a[i]);}
    printf("输入要插入的整数:");
    scanf("%d",&x);
    for(i = 0;i<n;i++)
    { if(x<=a[i])continue;             //③
        b[i] = a[i];
    }
    b[i] = x;
    for(i = i;i<n+1;i++)
    { b[i] = a[i+1]; }                 //④
    for(i = 0;i<n+1;i++)
```
```

```
        { printf("%d",b[i]);}
}
```

运行结果(改正后程序的运行结果):

输入数据的个数 n:5

输入 5 个整数:1 2 4 5 7

输入要插入的整数:3

1 2 3 4 5 7

提示:先找到插入点,从插入点开始,所有的数据顺序后移,然后插入数据;如果插入点在最后,则直接插入(说明插入的数排在该组数据的最后)。

用前面学过的调试方法,调试本程序,使程序能够得到正确的运行结果。

题目 6 编程题。

(1)编写函数,调用随机函数产生 0 到 19 之间的随机数,在数组中存入 15 个互不重复的整数。要求在主函数中进行结果输出。若已定义 x 为 int 类型,调用随机函数步骤如下:

```
#include<stdlib.h>
    ⋮
x = rand() % 20;  /* 产生 0 到 19 的随机数 */
```

A:求任意方阵每行、每列、两对角线上元素之和。

B:求两个矩阵的和。

C:编写程序打印出以下形式的乘法九九表。

```
* * A MULTIPLICATION TABLE * *
     (1)  (2)  (3)  (4)  (5)  (6)  (7)  (8)  (9)
_____
(1)   1    2    3    4    5    6    7    8    9
(2)   2    4    6    8   10   12   14   16   18
(3)   3    6    9   12   15   18   21   24   27
(4)   4    8   12   16   20   24   28   32   36
(5)   5   10   15   20   25   30   35   40   45
(6)   6   12   18   24   30   36   42   48   54
(7)   7   14   21   28   35   42   49   56   63
(8)   8   16   24   32   40   48   56   64   72
(9)   9   18   27   36   45   54   63   72   81
_____
```

(2)排序问题。

已知一组数据如下:7,10,42,23,90,71,100,67,53,8。编写程序,把它们按从小到大的次序排列起来。

①给出该问题的流程图。

②分析问题:可以采用选择排序法或者冒泡排序法或其他排序法来完成。

③根据流程图和分析编写源代码。

④程序参考源代码。

三、思考题

1. 分析排序的各种方法。
2. 青年歌手参加歌曲大奖赛,有 10 个评委对她的表现进行打分,试编程求这位选手的平均得分(去掉一个最高分和一个最低分)。

提示:这道题的核心是排序。将评委所打的 10 个分数利用数组按增序(或降序)排列,计算数组中除第一个和最后一个分数以外的数的平均分,其中排序部分这里用选择法实现。

3. 有一个 3×4 的矩阵,要求输出其中值最大的元素的值,以及它的行号和列号。
4. 有一篇文章,共有 3 行文字,每行有 80 个字符。要求分别统计出其中英文大写字母、小写字母、数字、空格以及其他字符的个数。
5. 求 Fibonacci 数列中前 20 个数,Fibonacci 数列的前两个数为 0,1,以后每一个数都是前两个数之和。Fibonacci 数列的前 n 个数为 0,1,1,2,3,5,8,13,…,用数组存放数列的前 20 个数,并输出之(按一行 5 个输出)。

实验七 函数

一、实验目的

1. 掌握函数定义的方法。
2. 掌握函数实参与形参的对应关系,以及"值传递"的方式。
3. 了解函数的嵌套调用和递归调用的方法。
4. 了解全局变量和局部变量、动态变量和静态变量的概念和使用方法。

二、实验内容

题目 1 阅读程序加注释,并给出运行结果。

(1)如下函数能完成将主函数传过来的三个数从大到小排序功能吗?为什么?

```c
#include<stdio.h>
void fun(int n1,int n2,int n3)
{
    int temp;
    if(n1< n2)temp = n1,n1 = n2,n2 = temp;
    if(n2< n3)temp = n2,n2 = n3,n3 = temp;
    if(n1< n3)temp = n1,n1 = n3,n3 = temp;
}
void main()
{
    int n1,n2,n3;
    scanf("%d,%d,%d",&n1,&n2,&n3);
    fun(n1,n2,n3);
```

```
    printf("%d,%d,%d\n",n1,n2,n3);
}
```
运行结果:_____

为什么:_____

(2)有以下程序:
```
#include <stdio.h>
int fun()
{ static int x=1;
  x*=2;
  return x;
}
main()
{ int i,s=1;
  for(i=1;i<=3;i++)s*=fun();
  printf("%d\n",s);
}
```
运行结果:_____。

(3)有以下程序:
```
#include <stdio.h>
int fun(int x,int y)
{
    if(x>y)return x;
    return y;
}
void main()
{
    int x=2,y=3;
    printf("result=%d\n",fun(x++,y+=2));
    printf("result=%d\n",fun(y+x,x=1));
}
```
运行结果:_____

为什么?_____

(4)有以下程序:
```
#include <stdio.h>
int fun(int x,int y)
{ if(x!=y)
  return((x+y)/2);
  else return(x);
}
```

```
main()
{ int a = 4,b = 5,c = 6;
  printf("%d\n",fun(2*a,fun(b,c)));
}
```
运行结果：_____。

(5)有以下程序：
```
#include<stdio.h>
int f(int x);
main()
{ int   n = 1,m;
  m = f(f(f(n)));
  printf("%d\n",m);
}
int f(int x)
{ return x*2;}
```
运行结果：_____。

(6)有以下程序：
```
#include <stdio.h>
#define S(x)   (x)*x*2
main()
{ int k = 5,j = 2;
  printf("%d,",S(k+j));
  printf("%d\n",S((k-j)));
}
```
运行结果：_____。

(7)有以下程序：
```
#include <stdio.h>
#define S(x) 4*(x)*x+1
main()
{ int k = 5,j = 2;
  printf("%d\n",S(k+j));
}
```
运行结果：_____。

题目 2 程序填空(请填写适当的符号或语句,使程序实现其功能)。

已知递归公式,输入 x 值,输出 $q_n(x)$ 的前 10 项值。

$$q_n(x) = \begin{cases} 1 & (n=0) \\ x & (n=1) \\ 2*x*q_{n-1}(x) - q_{n-2}(x) & (n>1) \end{cases}$$

```
#include <stdio.h>
```

```
float  q(float x,int n)
{
   if(_____)   return  1.0;              //①
   else if(nNum == 1) _____;             //②
       else return(2 * x * q(x,n-1) - q(x,n-2));
}
void main()
{
   float  x;
   int i;
   scanf("%f",&x);
   for(i = 0;i<10;i ++ )
      printf("%f  ",  );                    //③
   printf("\n");
}
```

题目 3 参考程序,编写函数,函数功能是：计算如下公式前 n 项的和,并作为函数值返回。

$$S = \frac{1\times 3}{2^2} + \frac{3\times 5}{4^2} + \frac{5\times 7}{7^2} + \cdots + \frac{(2\times n-1)\times(2\times n+1)}{(2\times n)^2}$$

例如,当形参 n 的值为 10 时,函数返回值为 9.612558。

```
#include <stdio.h>
double fun(int n);
void main()
{  int n = -1;
   while(n<0)
   {  printf("Please input(n>0):");
      scanf("%d",&n);
   }
   printf("\nThe result is:%f\n",fun(n));
}
```

题目 4 写两个函数,分别求两个正数的最大公约数和最小公倍数,用主函数调用这两个函数并输出结果。两个正数由键盘输入。

(1)给出该问题的流程图。
(2)分析问题：编写求取最大公约数和最小公倍数的函数,在主函数中进行调用。
(3)根据流程图和分析编写源代码。
(4)程序参考源代码：
源程序如下：
```
#include "stdio.h"
hcf(int u,int v)     /*定义最大公倍数*/
{
```

```c
    int a,b,t,r;
    if(u>v)
    {
       t = u;
       u = v;
       v = t;
    }
    a = u;
    b = v;
    while((r = b%a)! = 0)
    {
       b = a;
       a = r;
    }
    return(a);
}
lcd(int u,int v,int h)          /*定义最小公约数*/
{
    return(u*v/h);
}
main()
{
    int u,v,h,l;
    scanf("%d,%d",&u,&v);       /*从键盘上输入要操作的两个数*/
    h = hcf(u,v);
    printf("H.C.F = %d\n",h);   /*输出最大公倍数*/
    l = lcd(u,v,h);
    printf("L.C.D = %d\n",l);   /*输出最小公约数*/
}
```

这是一个十分典型的算法,同学们一定要认真分析、学习。

题目5 在以前的程序中涉及到了冒泡排序法,所有的代码均是在主函数中完成的,看起来没有结构感,为了实现结构化编程的思想,将冒泡排序法放在主函数之外,在主函数进行调用,最终得到结果。

(1)给出该问题的流程图。
(2)分析问题,编写冒泡排序法的函数,在主函数中进行调用。
(3)根据流程图和分析编写源代码。

题目6 编写一个函数。

(1)编写函数用递归方法求 $1+2+3+\cdots+n$ 的值,在主程序中提示输入整数 n。
(2)编写一递归函数求斐波纳契数列的前 40 项。

题目7 编程题。

编写函数 isprime(int a),用来判断自变量 a 是否为素数。若是素数,函数返回整数 1,否则返回 0。

```
#include<stdio.h>
int isprime(int a);
main()
{ int x;
    printf("Enter a integer number: ");
    scanf("%d",&x);
    if( isprime(x))
       printf("%d is prime\n",x);
    else
       printf("%d is not prime\n",x);
}
```

三、思考题

1. 分析形式参数与实际参数的区别。
2. 编写一个计算日期对应天数的函数,给定日期的年、月、日,求出这天是该年的第几天。
3. 输入 10 个学生的成绩,分别用函数实现:(1)求平均成绩;(2)按分数高低进行排序。设计一个主函数调用此 2 个函数求 10 个学生的平均分和排名情况。
4. 编写一个函数,对输入的整数 k 输出它的全部素数因子。例如:当 $k=126$ 时,素数因子为:2,3,3,7。要求按如下格式输出:$126=2*3*3*7$。

实验八 指针

一、实验目的

1. 掌握指针和指针变量、内存单元和地址、变量与地址、数组与地址的关系。
2. 掌握指针变量的定义、初始化及引用方式。
3. 掌握指针运算符以及指向变量的指针变量的使用。
4. 掌握指向数组的指针变量的使用。
5. 掌握指向字符数组指针变量的使用。

二、实验内容

题目1 阅读程序、加注释,并给出运行结果(非数组部分)。

(1)有以下程序:

```
#include <stdio.h>
void main()
{
```

```
  int a,b;
  int *p;
  p = &b;
  a = 3;
  *p = 5;
  printf("a = %d,b = %d\n",a,b);
}
```
运行结果:_____

(2)有以下程序:
```
#include <stdio.h>
void main()
{
  int a,b;
  int *p,*q;
  a = 3;
  b = 5;
  p = &a;
  q = &b;
  printf("%d,%d\n",*p,*q);
}
```
运行结果:_____

题目2 阅读程序、加注释,并给出运行结果(数组部分)。

(1)有以下程序:
```
#include <stdio.h>
void main()
{
  int array[10] = {1,2,3,4,5,6,7,8,9,0};
  int *p,*q;
  int i;
  p = array + 2;          q = array;
  *p = q[5];              p += 2;
  *q = *(array + 2);      *array = *(array + 5);
  for(i = 0;i<10;i++) printf("%4d,",*(array + i));
}
```
运行结果:_____

(2)有以下程序:
```
#include <stdio.h>
void main()
{
```

```
    int array[10] = {1,2,3,4,5,6,7,8,9,0}, *p;
    int x,y,m,n,a,b;
    p = array + 2;
    x = *p++;      y = *++p;
    m = *(p++);    n = *(++p);
    a = ++*p;      b = (*p)++;
    printf("x=%d,y=%d,m=%d,n=%d,a=%d,b=%d\n",x,y,m,n,a,b);
    p = array;
    while(p<array+10)printf("%-4d\n",*p++);
}
```

运行结果：_____

(3)有以下程序：
```
#include <stdio.h>
#define N 8
void fun(int *x,int i)
{ *x = *(x+i);}
main()
{ int a[N] = {1,2,3,4,5,6,7,8},i;
    fun(a,2);
    for(i=0;i<N/2;i++)
    { printf("%d",a[i]);}
    printf("\n");
}
```

运行结果：_____

(4)有以下程序，程序中库函数islower(ch)用以判断ch中的字母是否为小写字母：
```
#include<stdio.h>
#include<ctype.h>
void fun(char *p)
{ int i = 0;
  while(p[i])
  { if(p[i] == ' '&&islower(p[i-1]))
      p[i-1] = p[i-1] - 'a' + 'A';
    i++;
  }
}
main()
{
  char s1[100] = "ab cd EFG!";
  fun(s1);
```

```
    printf("%s\n",s1);
}
```
运行结果：_____

(5) 有以下程序：
```
#include <stdio.h>
main()
{ char *s="12134";int k=0,a=0;
  while(s[k+1]!='\0')
  { k++;
    if(k%2==0){a=a+(s[k]-'0'+1);continue;}
    a=a+(s[k]-'0');
  }
  printf("k=%d a=%d\n",k,a);
}
```
运行结果：_____

(6) 有以下程序：
```
#include<stdio.h>
#include<string.h>
void fun(char *w,int m)
{ char s,*p1,*p2;
  p1=w;
  p2=w+m-1;
  while(p1<p2)
  { s=*p1;
    *p1=p2;
    *p2=s;
    p1++;
    p2--;
  }
}
main()
{ char a[]="123456";
  fun(a,strlen(a));
  puts(a);
}
```
运行结果：_____

(7) 有以下程序：
```
#include <stdio.h>
main()
```

```c
{ char *a[] = {"abcd","ef","gh","ijk"};
  int i;
  for(i=0;i<4;i++)
    printf("%c",*a[i]);
}
```
运行结果：_____

(8) 有以下程序：
```c
#include <stdio.h>
#include <stdlib.h>
fun(int *p1,int *p2,int *s)
{ s=(int *)malloc(sizeof(int));
  *s=*p1+*p2;
  free(s);
}
void main()
{ int a=1,b=40,*q=&a;
  fun(&a,&b,q);
  printf("%d\n",*q);
}
```
运行结果：_____

题目 3 体验指针的使用。

(1) 输入三个整数，按由小到大的顺序输出。指出它们实现的区别之处。

程序 1：
```c
#include <stdio.h>
void main()
{ int a,b,c,*p1,*p2,*p3,t;
  scanf("%d,%d,%d",&a,&b,&c);
  p1=&a;p2=&b;p3=&c;
  if(a>b){t=*p1;*p1=*p2;*p2=t;}
  if(a>c){t=*p1;*p1=*p3;*p3=t;}
  if(b>c){t=*p2;*p2=*p3;*p3=t;}
  printf("%d,%d,%d\n",a,b,c);
}
```

程序 2：
```c
#include <stdio.h>
void main()
{ int a,b,c,*p1,*p2,*p3,*t;
  scanf("%d,%d,%d",&a,&b,&c);
  p1=&a;p2=&b;p3=&c;
```

```
    if(*p1>*p2){t=p1;p1=p2;p2=t;}
    if(*p1>*p3){t=p1;p1=p3;p3=t;}
    if(*p2>*p3){t=p2;p2=p3;p3=t;}
    printf("%d,%d,%d\n",*p1,*p2,*p3);
}
```

(2) 通过指针变量输出数组元素的值。

程序1：

```
#include <stdio.h>
void main()
{ int *p,i,a[5];
  p=a;
  printf("please enter 5 numbers:");
  for(i=0;i<5;i++)
    scanf("%d",p++);
  p=a;
  for(i=0;i<5;i++,p++)
    printf("%d",*p);
  printf("\n");
}
```

程序2：

```
#include <stdio.h>
void main()
{ int a[5];
  int *p,i;
  printf("enter 5 integer numbers:");
  for(i=0;i<5;i++)
    scanf("%d",&a[i]);
  for(p=a;p<(a+5);p++)
    printf("%d",*p);
  printf("\n");
}
```

题目4 程序填空1(请填写适当的符号或语句,使程序实现其功能)。

求一个学生5门课程的平均成绩。

```
#include<stdio.h>
float aver(float *pa);
void main(){
  float sco[5],av,*sp;
  int i;
  sp=sco;
```

```
    printf("\ninput 5 scores:\n");
    for(i=0;i<5;i++)scanf("%f",&sco[i]);
    av=aver(_____);                    //①
    printf("average score is %5.2f",av);
}
float aver(_____)                  //②
{
    int i;
    float av,s=0;
    for(_____)s=s+*pa++;         //③
    _____;                       //④
    return av;
}
```

题目 5 程序填空 2(请填写适当的符号或语句,使程序实现其功能)。

已知一个一维数组 a[10] 中有 10 个数,求出第 m 个数到第 n 个数的和。其中 m、n 由键盘输入。

```
#include<stdio.h>
int sum(int *q,int n)
{
    int i,s=0;
    for(i=0;i<n;i++,q++)
    _____;                       //①
    return s;
}
void main()
{
    int m,n,a[10]={1,2,3,4,5,6,7,8,9,10};
    int _____;                         //②
    printf("Please input m and n(m<n<10):\n");
    scanf("%d,%d",&m,&n);
    p=a+m-1;/*数组下标从0开始,所以第m个元素下标为m-1,地址为a+m-1*/
    printf("%d\n",sum(p,n-m+1));/*若计算第3个到第5个数的和,实际计算的是第
                                3、4、5共5-3+1个数的和*/
}
```

题目 6 程序填空 3(请填写适当的符号或语句,使程序实现其功能)。

(1)下列程序的功能为:计算数组中的最大元素及其下标值和地址值。

```
#include<stdio.h>
int findmax(int *s,int t)
{ int i,k=0;
```

```
    for(i = 0;_____;i + +)              //①
      if(_____)  k = i;             //②
    return _____;                       //③
}
void main()
{  int a[10] = {12,23,34,45,56,67,78,89,11,22},k = 0, * add;
   int j;
   for(j = 0;j<10;j ++)
     printf("% 4d % 10xh\n",a[j],&a[j]);
   k = findmax(a,10);
   add = _____;                     //④
   printf("\n % d % d   % xh\n",a[k],k + 1,add);
}
```

(2)下列程序的功能为:通过返回地址值,来输出 a[2]~a[4]的值。

```
#include <stdio.h>
main()
{
   int a[5] = {1,3,5,7,9};          //a 是 int 数值的数组
   int * num[5],i, * p;   //num 是指向 int 类型的指针型数组,p 是指向 int 型的变量
   int * f(int * x[],int);          //返回指针值的 f 函数的声明
     for(i = 0;i<5;i ++)
       num[i] = _____;           //① num 的每个分量指向 a 的每个相应元素
   p = f(num,2);         //返回 num[2]分量所指的数组 a 中的元素的地址
   for(   ;p< = num[4];p + +)       //在 num[2]~num[4]地址范围内扫描
     printf(" % d\t",_____);     //② 输出该地址范围内的数据
}
int * f(int * x[],int i)
{  int k = 0;
   for(;k<i;k + +);                 //如果这个语句省略,需要修改什么?
   return _____;                 //③ 返回 num[i]的所指的地址
}
```

(3)下列程序的功能为:通过指针变量的自增运算,扫描一维数组中全部元素的地址,并引用它们各自的值,同时对数组中的正整数求和。

```
#include "stdio.h"
#define N 10
main()
{  int i,k,a[N],sum,count, * p;    //所有变量和数组 a 的基类型都是 int
   count = sum = 0;
   do
```

```
    { printf("input k:\n");
      scanf("%d",&k);              //总共要求输入k个数
    } while(k<=0||k>N);            //直到型循环确保0≤k≤N
    printf("input a[0]~a[%d]:\n",k-1);
    for(p=a;p<a+k;p++)             //指针p指向数组a的首地址,p依次求出后继值
    { scanf("%d",_____);         //①  此处的p等价于&a[i]
      if(_____)                 //②  引用指针变量p所指变量的值
      { sum+=*p;                   //指针p所指变量*p的值>0者相加
        count++;                   //正整数个数统计
      }
    }
    _____;                  //③  指针复位,重新指向数组a的首地址
    while(p<a+k)
      printf("%-5d",_____);
                   //④  先执行*p,取出所指变量的值,再指向数组的下一元素
    printf("\n Numberof above >0 is:%d\n",count);
    printf("Sum of >0 is:%d\n",sum);
}
```

题目7 改错题(请纠正程序中存在错误,使程序实现其功能)。

(1)下列程序的功能为:统计已知字符串中数字符的个数。

```
#include<stdio.h>
int digits(char *s)
{ int c=0;
  while(s)                    //①
  { if(*s>=0&&*s<=9)          //②
      c++;
    s++;
  }
  return c;
}
void main()
{ char s[80];
  printf("请输入一行字符\n");
  gets(s);
  printf("数字字符长度是:%d\n",digits(s));
}
```

(2)下列程序的功能为:通过调用函数实现对所输入的任意两个整数交换它们的值。

```
#include<stdio.h>
void swap(int *p1,int *p2)
```

```
{  int * p;                    //①
   * p = * p1;
   * p1 = * p2;
   * p2 = * p;
}
void main()
{  int a,b;
   scanf("%d%d",&a,&b);
   printf("a = %d\tb = %d\n",a,b);
   swap(a,b);                   //②
   printf("a = %d\tb = %d\n",a,b);
}
```

(3)以下程序试图通过指针 p 为变量 n 读入数据并输出,但程序有多处错误,请指出并修改。

```
#include <stdio.h>
main()
{  int n, * p = NULL;
   * p = &n;                    //①
   printf("Input n:");
   scanf("%d",&p);              //②
   printf("output n:");
   printf("%d\n",p);            //③
}
```

题目 8 编写程序。

(1)编写函数 void swap(int * x,int * y),实现对两个整数的交换。

①试画出流程图(NS 图、给出算法步骤均可);
②编写程序;
③运行结果截屏。

(2)编写程序,通过一个函数给主函数中定义的数组输入若干大于或等于 0 的整数,用负数作为输入结束标志;调用另一个函数输出该数组中的数据。

程序如下:

```
#include<stdio.h>
#define  M  100
void  arrout(int *,int);    /* 函数说明语句,此函数用以输出数组中的值 */
int   arrin(int *);         /* 函数说明语句,此函数用以给数组输入数据 */
main()
{  int  s[M],k;
   k = arrin(s);            /* k 得到输入数据的个数 */
   arrout(s,k);
```

}
阅读程序,编写函数 arrout() 和 arrin()。

(3) 编写程序,打印出以下形式的杨辉三角形。

可以将杨辉三角形的值放在一个方形矩阵的下半个三角形中,如果需打印 7 行杨辉三角形,应该定义等于或大于 7*7 的方形矩阵,只是矩阵的上半部分和其余部分并不使用。

```
1
1   1
1   2   1
1   3   3   1
1   4   6   4   1
1   5  10  10   5   1
1   6  15  20  15   6   1
```

杨辉三角形的特点如下:
① 第一列和对角线上的元素都为 1。
② 除第一列和对角线上的元素之外,其他元素的值均为前一行上的同列元素和前一列元素之和。

函数 setdata 按以上规律给数组元素置数;函数 outdata 输出杨辉三角形。

```c
#include <stdio.h>
#define N 10
void setdata(int(*s)[N],int n);
void outdata(int s[ ][N],int n);
main()
{ int y[N][N],n=7;
  setdata(y,n);    /* 按规律给数组元素置数 */
  outdata(y,n);    /* 输出杨辉三角形 */
}
```

阅读程序完成 setdata() 和 outdata() 函数。

(4) 阅读程序,编写函数 scopy(char *s,char *s),将指针 t 所指的字符串复制到指针 s 所指的存储空间中。

```c
#include<stdio.h>
void scopy(char *s,char *t);
main()
{ char str1[20],str2[ ]="ABCDEFGH";
  scopy(str1,str2);
  puts(str1);
}
```

(5) 阅读程序,编写 getstr() 和 findmin() 函数,使从输入的若干字符串中找出最小的串进行输出。

程序中,用字符数组作为字符串的存储空间。调用 getstr 函数输入字符串;调用 findmin

函数找出最小串所在位置。
```
#include<stdio.h>
#include<string.h>
#define  N  20
#define  M  81
char getstr(char p[ ][M]);
char * findmin(char(*a)[M],int n);
main()
{ char s[N][M],*sp;
  int n;
  n=getstr(s);
  sp=findmin(s,n);
  puts(sp);
}
```

三、思考题

1. 分析使用指针实现数据排序的方法。
2. 请编程读入一个字符串,并检查其是否为回文(即正读和反读都是一样的)。例如:
读入:MADA M I M ADAM. 输出:YES
读入:ABCDBA. 输出:NO
3. 任意输入5个字符串,调用函数按从大到小顺序对字符串进行排序,在主函数中输出排序结果。

实验九 结构体和公用体

一、实验目的

1. 掌握结构体类型方法以及结构体变量的定义和引用。
2. 掌握运算符"."和"->"的应用。
3. 掌握共用体的概念和应用。
4. 掌握结构体类型数组的概念和使用。
5. 掌握用结构指针传递结构数据的方法。

二、实验内容

题目1 阅读程序,并给出运行结果。
(1)有以下程序:
```
#include <stdio.h>
void main()
{
```

```
    union data
      {
        int a;
        float b;
        double c;
        char d;
      }mm;
    mm.a = 6;
    printf("%d\n",mm.a);
    mm.c = 67.2;
    printf("%5.1lf\n",mm.c);
    mm.d = 'W';
    mm.b = 34.2;
    printf("%5.1f,%c\n",mm.b,mm.d);
}
```

运行结果：_____

(2)有以下程序：

```
#include <stdio.h>
#include <string.h>
struct A
{ int a;
  char b[10];
  double c;
};
void f(struct A t);
main()
{ struct A a = {1001,"ZhangDa",1098.0};
  f(a);printf("%d,%s,%6.1f\n",a.a,a.b,a.c);
}
void f(struct A t)
{ t.a = 1002;
  strcpy(t.b,"ChangRong");
  t.c = 1202.0;
}
```

运行结果：_____

(3)有以下程序：

```
#include<stdio.h>
#include<string.h>
typedef  struct{char name[9];char sex;int score[2];}STU;
```

```
STU f(STU a)
{ STU b = {"Zhao",'m',85,90};
int i;
strcpy(a.name,b.name);
a.sex = b.sex;
for(i = 0;i<2;i++)
a.score[i] = b.score[i];
return a;
}
main()
{ STU c = {"Qian",'f',95,92},d;
d = f(c);
printf("%s,%c,%d,%d,",d.name,d.sex,d.score[0],d.score[1]);
printf("%s,%c,%d,%d,",c.name,c.sex,c.score[0],c.score[1]);
}
```
运行结果：_____

(4)有以下程序：
```
#include <stdio.h>
struct stu{int num; char name[10]; int age;};
void fun(struct stu *p)
{
printf("%s\n",p->name);
}
main()
{ struct stu x[3] = {
{01,"zhang",20},
{02,"wang",19},
{03,"zhao",18}};
fun(x+2);
}
```
运行结果：_____

题目 2 阅读程序并填空。

(1)有以下语句：
struct person { int ID;char name[12];}p;
请将 scanf("%d",_____);语句补充完整,使其能够为结构体变量 p 的成员 ID 正确读入数据。

(2)下列程序将输出 16,请补充完整。
#include <stdio.h>
typedef struct

{ int num;double s;} REC;
main()
{ _____ a={16,90.0};
printf("%d\n",a.num);
}

(3)下列程序将输出"2001:wang li",请补充完整。
#include <stdio.h>
main()
{
    struct studoc
    { int iNum;
      char *name;
    } *p,wang={2001,"wang li"};
    _____;
    printf("%d:%s",p->iNum,p->name);
}

(4)以下程序把三个 NODETYPE 型的变量链接成一个简单的链表,并在 while 循环中输出链表结点数据域中的数据,请填空。
#include <stdio.h>
    struct node{ int data;
                 struct node *next;
               };
typedef struct node NODETYPE;
main()
{ NODETYPE a,b,c,*h,*p;
  a.data=10;
  b.data=20;
  c.data=30;
  h=&a;
  a.next=&b;
  b.next=&c;
  c.next='\0';
  p=h;
  while(p){
    printf("&d",p->data);
    _____;
    printf("\n");
  }
}

(5) 以下函数 creat 用来建立一个带头结点的单向链表,新产生的结点总是插在链表的末尾,单向链表的头指针作为函数值返回。

```
#include<stdio.h>
#include<stdlib.h>
struct   list
{ char   data;
   struct   list * next;
};
struct list   * creat()
{ struct   list * h, * p, * q;
   char   ch;
   h = ___①___ malloc(sizeof(___②___));
   p = q = h;
   ch = getchar();
   while(ch! = '?')
   { p = ___③___ malloc(sizeof(___④___));
      p->data = ch;q->next = p;q = p;
      ch = getchar();
   }
   p->next = '\0';
   ___⑤___ ;
}
```

题目3 阅读程序并填空。

(1) 下列函数 findbook 的功能为:在有 n 个元素的数组 s 中查找书名为 a 的书,若找到,函数返回数组下标,否则,函数返回-1。

```
#include<stdio.h>
#include<string.h>
struct bdata
{ int id;
   char bname[20];
   float price;
};
int findbook(struct bdata st[],int n,char s[])
{ int i;
   for(i = 0;i<n;i++)
      if(_____①_____)return i + 1;
      _____②_____ ;
}
void main()
```

```
   { struct bdata book[100] = {1,"program - c",23.5,2,"visual basic",43.5,3,"c#",
53.5,8};
     char st[20];
     int index;
     printf("请输入要查找书名:");
     gets(st);
       index = findbook(_____③_____);
         if(index == -1)printf("%s 的书未找到\n",st);
         else printf("%s 的书在 %d 位置\n",st,index);
   }
```

(2)日子计算,定义一个结构体变量(包括年、月、日),写一个函数 days,用结构体变量(包括年、月、日)做参数,计算该日在本年中是第几天。主函数将年、月、日传递给 days 函数,计算后将日子数传回主函数输出。

```
struct oneday
{ int day,month,year;};
main()
{ struct oneday day1;
  int all(struct oneday);
  printf("Enter year,month,day:");
  scanf("%d,%d,%d",_____①_____);
  printf("%d\n",all(day1));
}
intrunnian(int year)
{ if(year % 400 == 0)return(1);
  if(year % 4 == 0 && year % 100! = 0)return(1);
  return(0);
}
all(struct oneday one)
{ int day[13] = {0,31,28,31,30,31,30,31,31,30,31,30,31};
  int i,t = 0;
  if(runnian(one.year))day[2] = 29;
  for(i = 1;i<_____②_____;i ++ )
     t + = day[i];
  t = t + one.day;
  return(t);
}
```

题目 4 改错题(请纠正程序中存在错误,使程序实现其功能)。

(1)下列程序的功能为:学生姓名(name)和年龄(age)存于结构体数组 person 中,函数 fun 的功能是找出年龄最小的那名学生。

```
#include<stdio.h>
struct stud
{ char name[20];
  int age;
};
fun(struct stud person[],int n)           //①将函数改为返回指针的函数
{ int min,i;
  min = 0;
  for(i = 0;i<n;i++)
    if(person[i]<person[min])  min = i;   //②要具体到结构体成员
  return(person]);                        //③返回结构体变量的地址
}
void main()
{
  struct stud a[] = {{"Zhao",21},{"Qian",20},{"Sun",19},{"LI",22}};
  int n = 4;
  struct stud minpers;                    //④定义结构体变量为指针类型
  minpers = fun(a,n);
  printf("%s是年龄小者,年龄是:%d\n",minpers.name,minpers.age);
                                          //⑤结构体指针变量输出
}
```

(2)下列程序的功能为:应用结构体求多项式的值。多项式:$a_n x^n + a_{n-1} x^{n-1} + a_{n-2} x^{n-2} + \cdots + a_1 x + a_0$。

```
#include<stdio.h>
#include<math.h>
struct Poly
{ float a;    /*系数*/
  int n;      /*指数*/
};
double fpvalue()
{ struct Poly p;
  double pvalue = 0;
  float x;
  printf("输入多项式 X:\n");
  scanf("%f",&x);
  printf("输入多项式系数(a)和指数(n,n = -10000,结束):\n");
  scanf("%f %d",p.a,p.n);           //①结构体变量成员加地址符
  while(p.n! = -10000)
{ pvalue + = p.a * pow(x,p.n);      //②结构体变量成员
```

```
        scanf("%f %d",&p.a,&p.n);
    }
    return pvalue;
}
void main()
{
    printf("多项式值：%20.8f\n",fpvalue());
}
```

题目 5　编写程序 1。

输入某班 12 名学生的学号和每个学生的三门考试成绩，求总成绩最高的学生的学号和总成绩。并按总成绩的高低顺序输出。

分析：定义结构体，包含两个成员：学号和成绩。

```
#include<stdio.h>
struct student
{
    int id;
    char name[20];
    float score[3];
};
main()
{
    struct student stu[12];
    struct student stu1;
    int i,j;
    for(i=0;i<12;i++)
    {
        printf("请输入第%d个学生的学号：",i+1);
        scanf("%d",&stu[i].id);
        printf("请输入第%d个学生的姓名：",i+1);
        scanf("%s",stu[i].name);
        for(j=0;j<3;j++)
        {
            printf("请输入第%d个学生的第%d门课成绩：",i+1,j+1);
            scanf("%f",&stu[i].score[j]);
        }
    }
    for(i=0;i<12;i++)
    {
        for(j=i;j<12;j++)
```

```
        if(stu[j].score[0] + stu[j].score[1] + stu[j].score[2]>
    stu[i].score[0] + stu[i].score[1] + stu[i].score[2])
            {
                stu1 = stu[i];
                stu[i] = stu[j];
                stu[j] = stu1;
            }
    }
    printf("总成绩最高的学生的学号和姓名为:%d,%s\n",stu[0].id,stu[0].name);
    printf("总成绩由高到低排序\n");
    printf("学号\t姓名\t成绩1\t成绩2\t成绩3\t\n");
    for(i = 0;i<12;i ++ )
    { printf ("%d\t%s\t%f\t%f\t%f\t\n",stu[i].id,stu[i].name,
            stu[i].score[0],stu[i].score[1],stu[i].score[2]);
    }
}
```

题目6 编写程序2。

键盘输入0～6的任意整数,0表示星期日,1到6分别表示星期一到星期六,要求写出程序输出对应的英文名称。例如输入1,将输出Monday。

分析:利用枚举类型。

```
#include<stdio.h>
enum week{Sun = 0,Mon,Tue,Wen,Thu,Fri,Sat};
main()
{
  enum week w;
  printf("请输入0～6任意一个整数:");
  scanf("%d",&w);
  switch(w)
  {
    case Sun:printf("Sunday");break;
    case Mon:printf("Monday");break;
    case Tue:printf("Tuesday");break;
    case Wen:printf("Wednesday");break;
    case Thu:printf("Thrusday");break;
    case Fri:printf("Friday");break;
    case Sat:printf("Saturday");break;
    default:printf("wrong");
  }
}
```

题目7 编写程序3。

设有以下结构类型说明：
```
struct   stud
{ char num[5],name[10];
    int s[4];
    double ave;
};
```
请编写：

A：函数 readrec：把 30 名学生的学号、姓名、四项成绩以及平均分放在一个结构体数组中，学生的学号、姓名和四项成绩由键盘输入，然后计算出平均分放在结构体对应的域中。

B：函数 writerec：输出 30 名学生的记录。

C：main 函数调用 readrec 函数和 writerec 函数，实现全部程序功能。

三、思考题

1. 分析结构体与共用体的区别。
2. 13 个人围成一圈，从第 1 个人开始顺序报号 1、2、3。凡报到"3"者退出圈子，找出最后留在圈子中人的最开始的序号。

实验十 文件

一、实验目的

1. 掌握 C 语言中文件和文件指针的概念。
2. 掌握 C 语言中文件的打开与关闭及各种文件函数的使用方法。
3. 掌握有关文件读写操作的函数。
4. 掌握有关文件指针的定位操作函数。

二、实验内容

题目1 阅读程序，并给出运行结果。

(1) 有以下程序：
```
#include <stdio.h>
main()
{   FILE *f;
    f=fopen("c:\\filea.txt","w");
    fprintf(f,"abc");
    fclose(f);
}
```
若文本文件 filea.txt 中原有内容为：hello，则运行以上程序后，文件 filea.txt 中的内容是什么？

(2)有以下程序：
```c
#include<stdio.h>
main()
{   FILE *fp;int k,n,a[6]={1,2,3,4,5,6};
    fp=fopen("d2.dat","w");
    fprintf(fp,"%d%d%d\n",a[0],a[1],a[2]);
    fprintf(fp,"%d%d%d\n",a[3],a[4],a[5]);
    fclose(fp);
    fp=fopen("d2.dat","r");
    fscanf(fp,"%d%d",&k,&n);printf("%d%d\n",k,n);
    fclose(fp);
}
```
运行结果：_____

(3)有以下程序：
```c
#include <stdio.h>
main()
{
    FILE *fp;int a[10]={1,2,3},i,n;
    fp=fopen("d1.dat","w");
    for(i=0;i<3;i++)fprintf(fp,"%d",a[i]);
    fprintf(fp,"\n");
    fclose(fp);
    fp=fopen("d1.dat","r");
    fscanf(fp,"%d",&n);
    fclose(fp);
    printf("%d\n",n);
}
```
运行结果：_____

题目 2　阅读程序并填空。

(1)设有定义：FILE *fw;，请将以下打开文件的语句补充完整，以便向文本文件 readme.txt 的最后续写内容。

　　fw=fopen("readme.txt",_____);

(2)以下程序打开新文件 f.txt，并调用字符输出函数将 a 数组中的字符写入其中，请填空。

```c
#include<stdio.h>
main()
{_____ *fp;
char a[5]={'1','2','3','4','5'},i;
fp=fopen("f.txt","w");
```

```
    for(i=0;i<5;i++)fputc(a[i],fp);
    fclose(fp);
}
```

(3) 有下列程序,其功能是:以二进制"写"方式打开文件 d1.dat,写入 1~100 这 100 个整数后关闭文件。再以二进制"读"方式打开文件 d1.dat,将这 100 个整数读入到另一个数组 b 中,并打印输出。请填空。

```
#include <stdio.h>
main()
{ FILE *fp;
  int i,a[100],b[100];
  fp=fopen("d1.dat","wb");
  for(i=0;i<100;i++)a[i]=i+1;
  fwrite(a,sizeof(int),100,fp);
  fclose(fp);
  fp=fopen("d1.dat",_____);
  fread(b,sizeof(int),100,fp);
  fclose(fp);
  for(i=0;i<100;i++)printf("%d ",b[i]);
}
```

(4) 以下程序从名为 filea.dat 的文本文件中逐个读入字符并显示在屏幕上。请填空。

```
#include <stdio.h>
main()
{ FILE *fp; char ch;
  fp=fopen(_____);
  ch=fgetc(fp);
  while(!feof(fp)) { putchar(ch); ch=fgetc(fp); }
  putchar('\n'); fclose(fp);
}
```

题目 3 程序填空题(请填写适当的符号或语句,使程序实现其功能)。

下列程序的功能为:用来统计 C 盘 fname.dat 文件中字符的个数。

```
#include<stdio.h>
#include<stdlib.h>
void main()
{ char c;
  FILE *fp3;long num=0;
  if((fp3=fopen("c:\\ fname.dat",____①____))==NULL)
  {
    printf("Open error \n");exit(0);
  }
```

```
c = fgetc(fp3);
while(    ②    )
{
    ③    ;
    c = fgetc(fp3);
}
printf("\nnum = %ld\n", num);
}
```

题目 4 改错题(请纠正程序中存在错误,使程序实现其功能)。

(1)下列程序的功能为:从键盘输入四行字符写到 C 盘 data1.dat 文件中。

```
#include <stdio.h>
#include <string.h>
void main()
{ FILE *fp1;
  char ch[80];
  int i,j;
  fp1 = fopen("C:\\data1.dat","b");           //①
  for(i = 1;i<= 4;i++)
  { gets(ch);
    j = 0;
    while(ch[j]! = '\0')
    { fputc(fp1,ch[j]);j++;}                  //②
      fputc(fp1,'\n');
  }
  fclose(fp1);
}
```

(2)下列程序的功能为:随机产生 10 个整数,写入一个二进制文件中。

```
#include <stdlib.h>
#include <stdio.h>
#include <time.h>
void main()
{ int x[10],i,k;
  FILE *fp2;
  srand((unsigned)time(NULL));
  for(i = 0;i<10;i++)
  x[i] = rand();
  fp2 = fopen("C:\\data2.dat","wb");          //①
  if(fp2 == NULL)
    { printf("Open error \n");exit(0);}
```

```
        for(int k = 0;k<10;k++)
            fwrite(x[k],sizeof(int),fp2);        //②
        fclose(fp2);
}
```

(3)下列程序的功能为:从数组读入数据,建立 ASCII 码文件,并按下列格式输出:
10   20   30   40   50   60   70   80   90   100(每个数据占 5 个字符宽度)。

```
#include<stdio.h>
#include<stdlib.h>
void main()
{ FILE *fp3;
  int b[] = {10,20,30,40,50,60,70,80,90,100},i = 0,n;
  if((fp3 = fopen("C:\\file13_3.txt","w")) == NULL)
  { printf("%s 不能打开\n","C:\\file13_3.txt");
    exit(1);
  }
  while(i<10)
  { fprintf(fp3,"%d",b[i]);
    if(i%3 == 0)fprintf(fp3,"\n");              //①
      i++;                                       //②
  }
                                                 //③
  if((fp3 = fopen("C:\\file13_3.txt","r")) == NULL)
  { printf("%s 不能打开读\n","C:\\file13_3.txt");
    exit(1);
  }
  fscanf(fp3,"%5d",&n);
  while(!feof(fp3))
  { printf("%5d",n);
    fscanf(fp3,"%d",&n);
  }
  printf("\n");
  fclose(fp3);
}
```

题目 5 编程题。

(1)编写程序:从键盘输入 4 个学生数据,把它们存储到磁盘文件 C:\\stu_list.txt 中去。
分析:定义结构体数组,使用块写入函数将其写入文件中。

(2)从键盘输入字符,逐个存到磁盘文件中,直到输入"#"为止,存储完毕,再读文本文件内容,并显示。

①给出该问题的流程图。

②分析问题:从键盘上获取一个输入,判断其是否为"♯",如果不是"♯",将其写入打开的文件中去,如果是"♯",则关闭文件,再次以读的方式打开文件,依次将读到的字符输出。

③根据流程图和分析编写源代码。

(3)求文件长度。

①分析问题:通过指向头和尾的文件指针之差来求取文件的长度。

②根据分析编写源代码。

(4)实现文件的拷贝。

①分析问题:从源文件读入一个字符并将其写入目标文件中,依次类推,直至读完源文件。

②根据分析编写源代码。

三、思考题

1. 编写程序,输入一个文本文件名,输出该文本文件中的每一个字符及其所对应的 ASCII 码。例如文件的内容是 Beijing,则输出:B(66)e(101)i(105)j(106)i(105)n(110)g(103)。

第二部分　C语言程序课程设计

一、课程设计目的

1. 复习 C 语言中学过的基本知识。
2. 掌握 C 语言中函数设计方法和结构化设计的思想。
3. 掌握规范的程序设计的思想。
4. 掌握规范的程序编码的格式。

二、课程设计要求

1. 设计要求：
(1) 系统以菜单方式工作(文本菜单或图形菜单)；
(2) 输入数据模块，数据用文件保存；
(3) 输出数据模块，数据用文件保存；
(4) 基本算法运用模块(排序、查找、插入、比较算法中至少包含一种)；
(5) 系统进入画面(静态或动画)；
(6) 系统其他功能实现(任选)；
(7) 最好能够形成多文件结构，将函数的声明，宏定义等放置在一个文件中。
2. 版式要求：
(1) 设计版面清晰，结构明确；
(2) 有明确的文件说明；
(3) 有详细的注释和说明；
(4) 整体上符合附录编码规范中的版式要求。
3. 报告要求：
(1) 设计要求与设计报告；
(2) 设计要求：
① 可自己选定题目，但至少包含五个功能模块；
② 模块化程序设计；
③ 锯齿型书写格式；
④ 必须上机调试通过。
(3) 设计报告
① 语言简练，条理清楚，图表规范；

②程序设计组成框图、流程图；
③模块功能说明（如函数功能、入口及出口参数说明，函数调用关系描述等）；
④调试与测试：调试方法，测试结果的分析与讨论，测试过程中遇到的主要问题及采取的解决措施；
⑤源程序清单和执行结果：清单中应有足够的注释。

三、参考项目

项目一　学生信息管理系统设计

学生信息包括学号、姓名和成绩，成绩包括高数、英语和计算机三门。试设计一个学生信息管理系统，使之能提供以下功能：

(1)系统以菜单方式工作；
(2)学生信息录入功能（学生信息用文件保存）——输入；
(3)学生信息浏览功能——输出；
(4)查询功能（至少一种查询方式）——算法：
①按学号查询；
②按姓名查询；
③按成绩查询。
(5)排序功能：按总成绩排序（需先计算总成绩）——算法；
(6)学生信息删除功能（可根据学号删除一个学生信息或者删除所有学生信息）；
(7)学生信息修改功能（可根据学号选择修改学生信息）；
(8)学生信息保存成硬盘文件（可选项）；
(9)从硬盘文件上读入学生信息（可选项）；
(10)系统进入画面（静态或动画）。

项目二　飞机订票系统设计

假定民航机场共有 n 个航班，每个航班有一航班号、确定的航线（起始站、终点站）、确定的飞行时间（星期几）和一定的成员订额。试设计一个民航订票系统，使之能提供下列服务：

(1)系统以菜单方式工作；
(2)航班信息录入功能（航班信息用文件保存）——输入；
(3)航班信息浏览功能——输出；
(4)查询航线（至少一种查询方式）——算法：
①按航班号查询；
②按终点站查询。
(5)系统进入画面（静态或动画）；
(6)承办订票和退票业务（可选项）。

项目三　图书信息管理系统设计

图书信息包括：登录号、书名、作者名、分类号、出版单位、出版时间、价格等。试设计一图书信息管理系统，使之能提供以下功能：

(1)系统以菜单方式工作；

(2)图书信息录入功能(图书信息用文件保存)——输入;

(3)图书信息浏览功能——输出;

(4)查询功能(至少一种查询方式)——算法:

①按书名查询;

②按作者名查询;

③按出版社查询。

(5)排序功能(按价格排序)——算法;

(6)系统进入画面(静态或动画);

(7)图书信息的删除与修改(可选项)。

项目四 基于 C 语言的俄罗斯方块游戏开发

试设计一个基于 C 语言的俄罗斯方块游戏开发,使之能提供以下功能:

(1)系统以动态画面方式工作;

(2)游戏方块预览功能(19 种不同的游戏方块,随机生成)——算法;

(3)游戏方块控制功能(6 种功能)——算法;

(4)界面更新功能(新坐标重绘游戏方块)——算法;

(5)游戏速度分数更新功能(消除一行加 10 分,等级上升速度加快)——算法;

(6)系统进入画面(静态或动画)。

四、项目示范

项目一 学生信息管理系统设计

1.项目介绍。

项目名称:学生管理信息系统。

学生信息包括学号(不能重复)、姓名、英语成绩(0~100)、数学成绩(0~100)、C 语言成绩(0~100)。试设计一学生信息管理系统,使之能提供以下功能。

(1)系统以菜单方式工作(如图 2-1 所示);

图 2-1 系统界面图

(2)学生信息录入功能(学生学号不能重复)——输入；
(3)学生信息浏览功能——输出；
(4)查询或排序功能(至少一种查询方式)——算法：
①按学号查询；
②按姓名查询；
③按成绩查询；
④按总成绩排序。
(5)排序功能:按总成绩排序(需先计算总成绩)——算法；
(6)学生信息修改功能(可根据学号选择修改学生信息)；
(7)学生信息保存成硬盘文件(可选项)；
(8)从硬盘文件上读入学生信息(可选项)；
(9)系统进入画面(静态或动画)。

2.框图设计。

(1)逻辑结构框图设计,如图2-2所示。

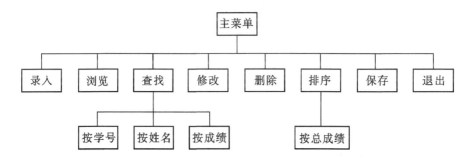

图2-2 逻辑结构框图

(2)文件结构框图设计,如图2-3所示。

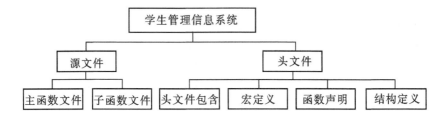

图2-3 文件结构框图

3.流程图设计。

该系统的流程图如图2-4所示。

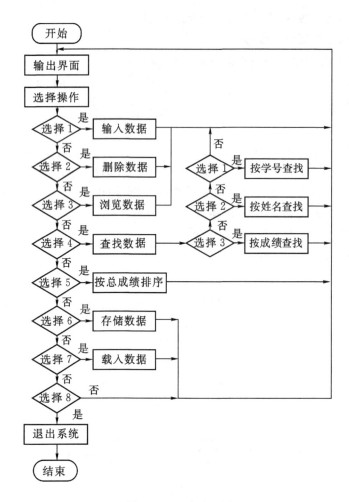

图 2-4 程序流程图

4. 参考程序清单。

(1)H 头文件和宏定义：

① #include <stdio.h>；

② #include <string.h>；

③ #include <stdlib.h>；

④ #include <conio.h>；

⑤ #define M 3；

⑥ #define N 100。

(2)C 源文件：

① main()　　　　主函数；

② fhzjm()　　　　返回主界面函数；

③ DengJi()　　　登记学生信息函数；

④ ShanChu()　　删除全部学生信息或者指定学生信息的函数；

⑤LiuLan()　　　　查看所有学生的信息函数；
⑥ChaZhao()　　　根据不同的方式查找学生信息函数；
⑦PaiXu()　　　　根据总成绩从高到底排序；
⑧CunChu()　　　向硬盘写文件；
⑨DaoChu()　　　从文件读取；
⑩menu()　　　　菜单主界面。

5.参考代码

```c
#include <stdio.h>
#include <string.h>
#include <stdlib.h>
#include <conio.h>
#define M 3
#define N 100
typedef struct student
{
    char xuehao[20];
    char xingming[20];
    int score[M];
    int sum;
}STU;
STU stu[N];
int renshu = 0;
void menu();
void fhzjm()//返回主界面函数
{
    char biaozhi[20];
    printf("\n");
    printf("还需要操作么？如果需要操作请输入:yes,否则请输入:no\n");
    scanf("%s",biaozhi);
    if(strcmp(biaozhi,"yes") == 0)
    {
        menu();
    }
    else if(strcmp(biaozhi,"no") == 0)
        exit(0);
    else
    {
        printf("请输入正确的字符,谢谢！\n");
```

```c
        fhzjm();
    }
}
void DengJi()//登记学生信息函数
{
    int rs;
    int i,j,k = 1;
    system("CLS");
    printf("请输入将要登记几位学生信息:");
    scanf("%d",&rs);
    for(i = renshu;i<renshu + rs;i + + ,k ++ )
    {
        printf("请输入第%d个学生的学号:",k);
        scanf("%s",stu[i].xuehao);
        printf("请输入学生的姓名:");
        scanf("%s",stu[i].xingming);
        printf("请输入学生%d门课的成绩",M);
        for(j = 0;j<M;j ++ )
        {
            printf("请输入第%d门课的成绩:",j+1);
            scanf("%d",&stu[i].score[j]);
            stu[i].sum + = stu[i].score[j];
        }
    }
    renshu = renshu + rs;
    fhzjm();
}
void ShanChu()//删除全部学生信息或者指定学生信息的函数
{
char shanchuinfo[10];
    system("CLS");
printf("删除全部学生信息请输入\"all\",删除指定学号的学生信息请输入\"one\"\n");
scanf("%s",shanchuinfo);
if(strcmp(shanchuinfo,"all") == 0)
{
    renshu = 0;
    printf("删除成功\n\n");
```

```c
    }
else if(strcmp(shanchuinfo,"one") == 0)
{
    struct student  * p = NULL;
    char choice[20];
    int i,j,k = 0;
    printf("请输入你要删除的学生的学号:");
    scanf("%s",choice);
    for(i = 0;i<renshu;i ++ )
    {
        if(strcmp(choice,stu[i].xuehao) == 0)
        {
            k = 1;j = i;break;
        }
    }
    if(k)
    {
        if(renshu == 1)
        {
            p = &stu[0];
            free(p);
            renshu = 0;
        }
        else
        {
            for(i = j;i<renshu;i ++ )
            {
                stu[i] = stu[i + 1];
            }
            renshu = renshu - 1;
        }
        printf("删除成功\n\n");
    }
}
else
    {
        printf("输入数据错误! \n");
        ShanChu();
```

```c
        }
        fhzjm();
}
void LiuLan()  //查看所有学生的信息函数
{
        int i,j;
        system("CLS");
        if(renshu == 0)
        {
                printf("系统里面没有任何学生的信息！\n");
        }
        else
        {
                for(i = 0;i<renshu;i ++ )
                {
                        printf("第%d个学生的学号为：%s\n",i+1,stu[i].xuehao);
                        printf("第%d个学生的姓名为：%s\n",i+1,stu[i].xingming);
                        for(j = 0;j<M;j ++ )
                        {
                                printf("第%d个学生的第%d门课的成绩：%d\n",i+1,j+1,
                                        stu[i].score[j]);
                        }
                        printf("第%d个学生的总成绩为：%d\n",i+1,stu[i].sum);
                }
        }
        fhzjm();
}
void ChaZhao()  //根据不同的方式查找学生信息函数
{
        char choice[10],xx[20];
        int i,j,k = 0;
                system("CLS");
        if(renshu == 0)
        {
                printf("系统里面没有任何学生的信息！\n");
                fhzjm();
        }
        printf("三种查找方式：学号,姓名,成绩,请输入查找方式：");
        scanf("%s",choice);
```

```c
if(strcmp(choice,"学号") == 0)
{
    printf("请输入需要查找学生的学号:");
    scanf("%s",xx);
    for(i = 0;i<renshu;i ++ )
    {
        if(strcmp(xx,stu[i].xuehao) == 0)
        {
            j = i;k = 1;break;
        }
    }
    if(k == 0)
    printf("输入信息有误:\n");
    else
    {
        printf("您所查找的学生的信息为:\n");
        printf("----学号----姓名----英语成绩----数学成绩----C语言成绩\t\n");
        printf("----%s----%s----%d----%d----%d\t\n",stu[j].xuehao,stu[j].xingming,stu[j].score[0],stu[j].score[1],stu[j].score[2]);
    }
}
else if(strcmp(choice,"姓名") == 0)
{
    printf("请输入需要查找学生的姓名:\n");
    scanf("%s",xx);
    for(i = 0;i<renshu;i ++ )
    {
        if(strcmp(xx,stu[i].xingming) == 0)
        {
            j = i;k = 1;break;
        }
    }
    if(k == 0)
    printf("输入信息有误:\n");
    else
    {
        printf("您所查找的学生的信息为:\n");
        printf("----学号----姓名----英语成绩----数学成绩----C语言成绩----\n");
        printf("----%s----%s----%d----%d----%d----\n",stu[j].xuehao,stu[j].
```

```c
xingming,stu[j].score[0],stu[j].score[1],stu[j].score[2]);
        }
    }
    else if(strcmp(choice,"成绩") == 0)
    {
        printf("请输入需要查找学生的成绩:\n");
        scanf("%s",xx);
        for(i = 0;i<renshu;i ++ )
        {
            if(strcmp(xx,stu[i].xingming) == 0)
            {
                j = i;k = 1;break;
            }
        }
        if(k == 0)
        printf("输入信息有误:\n");
        else
        {
            printf("您所查找的学生的信息为:\n");
            printf("----学号----姓名----英语成绩----数学成绩----C语言成绩----\n");
    printf("----%s----%s----%d----%d----%d----\n",stu[j].xuehao,stu[j].
xingming,stu[j].score[0],stu[j].score[1],stu[j].score[2]);
        }
    }
    fhzjm();
}
void PaiXu()//根据总成绩从高到低排序
{
struct student *p1[N],**p2,*temp;
int i,j;
system("CLS");
p2 = p1;
//将数组的初始地址赋给指针数组
    for(i = 0;i<renshu;i ++ )
    {
        p1[i] = stu + i;
    }
    //冒泡法排序
    for(i = 0;i<renshu;i ++ )
```

```c
        {
            for(j = i + 1;j<renshu;j ++ )
            {
                if((*(p2 + i)) -> sum<(*(p2 + j)) -> sum)
                {temp = *(p2 + i); *(p2 + i) = *(p2 + j); *(p2 + j) = temp;}
            }
        }
        printf("按照总成绩排序之后的信息为:\n");
        printf("----学号----姓名----总成绩----\n");
        for(i = 0;i<renshu;i ++ )
        {
            printf("----%s----%s----%d\n",(*(p2 + i)) -> xuehao,(*(p2 + i)) -> xingming,(*(p2 + i)) -> sum);
        }
        fhzjm();
    }
    void CunChu()
    {
        int i;
        FILE *rs;
        if((rs = fopen("card.dat","wb")) == NULL)
        {
            printf("not open");
            exit(0);
        }
        for(i = 0;i<renshu;i ++ )
        {
            fwrite(&stu[i],sizeof(stu[i]),1,rs);
        }
        if(ferror(rs))
        {
            fclose(rs);
            perror("写文件失败!\n");
            return;
        }
        printf("存储文件成功!\n");
        fclose(rs);
        fhzjm();
    }
```

```c
void DaoChu()
{
    struct student t;
    int i = 0;
    FILE * fp = fopen("card.dat","rb");
    renshu = 0;
    if(NULL == fp)
    {
        perror("读取文件打开失败！\n");
        return;
    }
    memset(stu,0x0,sizeof(stu));
    while(1)
    {
        fread(&t,sizeof(t),1,fp);
        if(ferror(fp))
        {
            fclose(fp);
            perror("读文件过程失败！\n");
            return;
        }
        if(feof(fp))
        {
            break;
        }
        stu[i] = t;
        i++;
    }
    fclose(fp);
    renshu = i;
    printf("导出文件成功！\n");
    fhzjm();
}
void menu()
{
    int n;
    system("CLS");
    printf("        学生信息管理系统\n");
    printf("            作者：****\n");
```

```c
        printf("------------- MENU -------------\n");
        printf("        1.登记学生信息\n");
        printf("        2.删除学生信息\n");
        printf("        3.浏览所有已经登记的学生\n");
        printf("        4.查找\n");
        printf("           4.1.按学号查找\n");
        printf("           4.2 按姓名查找\n");
        printf("           4.3 按成绩查找\n");
        printf("        5.根据总成绩排序\n");
        printf("        6.存储到文件\n");
        printf("        7.从文件导出\n");
        printf("        8.退出系统\n");
    a:printf("请选择:");
    scanf("%d",&n);
    switch(n)
    {
    case 1:
        DengJi();break;
    case 2:
        ShanChu();break;
    case 3:
        LiuLan();break;
    case 4:
        ChaZhao();break;
    case 5:
        PaiXu();break;
    case 6:
        CunChu();break;
    case 7:
        DaoChu();break;
    case 8:
        exit(0);break;
    default:
        {
            printf("请输入1~8之间的数字,谢谢！\n");
            goto a;
        }
    }
}main()
```

```
{
    menu();
}
```

项目四 基于 C 语言的俄罗斯方块游戏开发

1. 项目介绍。

项目名称:基于 C 语言的俄罗斯方块游戏开发。

试设计一基于 C 语言的俄罗斯方块游戏,使之能提供以下功能。

(1)游戏方块预览功能。在游戏过程中,当在游戏底板中出现一个游戏方块时,必须在游戏方块预览区域出现下一个游戏方块,这样有利于游戏玩家控制游戏的策略。由于在此游戏中存在 19 种不同的游戏方块,所以在游戏方块预览区域中需要显示随机生成的游戏方块。

(2)游戏方块控制功能。通过各种条件的判断,实现对游戏方块的左移、右移、快速下移、自由下落、旋转,以及行满消除行的功能。

(3)游戏显示更新功能。当游戏方块左右移动、下落、旋转时,要清除先前的游戏方块,用新坐标重绘游戏方块。当消除满行时,要重绘游戏底板的当前状态。

(4)游戏速度分数更新功能。在游戏玩家进行游戏过程中,需要按照一定的规则给玩家计算分数。比如,消除一行加 10 分。当游戏分数达到一定数量之后,需要给游戏玩家进行等级的上升,每上升一个等级,游戏方块的下落速度将加快,游戏的难度将增加。

2. 框图设计。

(1)逻辑结构框图设计,如图 2-5 所示。

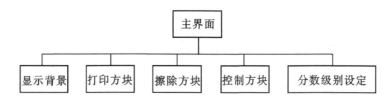

图 2-5 逻辑结构框图

(2)文件结构框图设计,如图 2-6 所示。

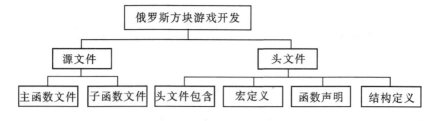

图 2-6 文件结构框图

3. 流程图设计。

该系统的流程图如图 2-7 所示。

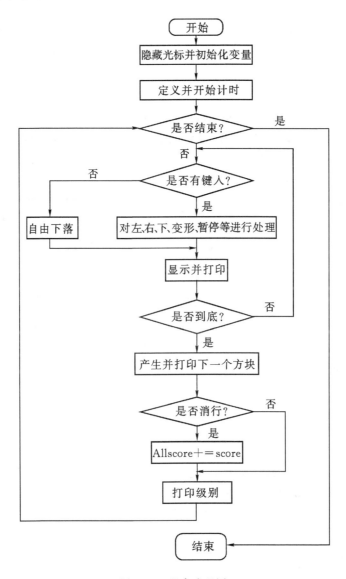

图 2-7 程序流程图

4. 参考程序清单。

(1) H 头文件和宏定义：

① #include <stdio.h>;

② #include <windows.h>;

③ #include <stdlib.h>;

④ #include <conio.h>;

⑤ #include <time.h>;

⑥ #define XXX 14;

⑦#define YYY 25。
(2)C 源文件：

① main()   主函数；
② gotoxy(int x,int y)   设置光标位置 fhzjm()；
③ SetColor(int shape)   设置方块颜色；
④ Clear_Dia(int dia_x,int dia_y,int shape,int change)   擦除方块；
⑤ Pause()   暂停；
⑥ Dis_Dia(int dia_x,int dia_y,int shape,int change)   打印方块；
⑦ Backdrop(int dia_x,int dia_y,int shape,int change)   将方块融入背景；
⑧ Dis_Back()   显示背景；
⑨ Dete(int dia_x,int dia_y,int shape,int change)   判断是否非法；
⑩ Is_GameOver()   判断游戏结束了没；
⑪ NextTetris()   设置下一个方块并打印出来；
⑫ Disappear()   消行；
⑬ Score()   分数系统；
⑭ Init()   初始化背景；
⑮ Getkbhit()   对上下左右按键的处理；
⑯ HideCursor()   隐藏光标。

5.参考代码。

```c
#include <stdio.h>
#include <windows.h>
#include <stdlib.h>
#include <conio.h>
#include <time.h>
#define XXX 14  //方框的横轴大小
#define YYY 25  //方框的竖轴大小
int speed;
int level;
int Tetris[7][4][4][4] =
{
{{{0,0,0,0},{0,1,1,0},{0,1,1,0},{0,0,0,0}},{{0,0,0,0},{0,1,1,0},{0,1,1,0},{0,0,0,0}},{{0,0,0,0},{0,1,1,0},{0,1,1,0},{0,0,0,0}},{{0,0,0,0},{0,1,1,0},{0,1,1,0},{0,0,0,0}}},//方正
{{{0,0,0,0},{0,1,1,1},{0,0,1,0},{0,0,0,0}},{{0,0,0,0},{0,0,1,0},{0,1,1,0},{0,0,1,0}},{{0,0,0,0},{0,0,1,0},{0,1,1,1},{0,0,0,0}},{{0,0,0,0},{0,0,1,0},{0,0,1,1},{0,0,1,0}}},//T 形
{{{0,0,0,0},{0,0,0,0},{1,1,1,1},{0,0,0,0}},{{0,0,1,0},{0,0,1,0},{0,0,1,0},{0,0,1,0}},{{0,0,0,0},{0,0,0,0},{1,1,1,1},{0,0,0,0}},{{0,0,1,0},{0,0,1,0},{0,0,1,0},{0,0,1,0}}},//长条
```

{{{0,0,0,0},{0,0,1,0},{0,1,1,0},{0,1,0,0}},{{0,0,0,0},{0,1,1,0},{0,0,1,1},
{0,0,0,0}},{{0,0,0,0},{0,0,1,0},{0,1,1,0},{0,1,0,0}},{{0,0,0,0},{0,1,1,0},{0,0,
1,1},{0,0,0,0}}},//z
　　{{{0,0,0,0},{0,1,1,0},{1,1,0,0},{0,0,0,0}},{{0,0,0,0},{0,1,0,0},{0,1,1,0},
{0,0,1,0}},{{0,0,0,0},{0,1,1,0},{1,1,0,0},{0,0,0,0}},{{0,0,0,0},{0,1,0,0},{0,1,
1,0},{0,0,1,0}}},//反Z
　　{{{0,0,0,0},{0,1,0,0},{0,1,0,0},{0,1,1,0}},{{0,0,0,0},{0,0,1,0},{1,1,1,0},
{0,0,0,0}},{{0,0,0,0},{0,1,1,0},{0,0,1,0},{0,0,1,0}},{{0,0,0,0},{1,1,1,0},{1,0,
0,0},{0,0,0,0}}},//J
　　{{{0,0,0,0},{0,0,1,0},{0,0,1,0},{0,1,1,0}},{{0,0,0,0},{0,1,0,0},{0,1,1,1},
{0,0,0,0}},{{0,0,0,0},{0,1,1,0},{0,1,0,0},{0,1,0,0}},{{0,0,0,0},{0,1,1,1},{0,0,
0,1},{0,0,0,0}}}//L
　　};//方块数组
　　int dia_x,dia_y;//存储方块的位置，左上角
　　int shape,change,nextshape,nextchange;//定义方块的开关与变形
　　clock_t nowtime;//定义开始时间
　　int Background[YYY][XXX] = {0};//定义背景并初始化
　　int Is_Gethit = 0;//接受按键为1,否则为0;
　　int score = 0,Allscore = 0;//你的得分
　　HANDLE hConsole;//设置控制台
　　void gotoxy(int x,int y)//设置光标位置
　　{
　　　　COORD coord;
　　　　coord.X = x;
　　　　coord.Y = y;
　　　　SetConsoleCursorPosition(hConsole,coord);
　　}
　　void SetColor(int shape)//设置方块颜色
　　{
　　　　SetConsoleTextAttribute(hConsole,shape + 9);
　　}
　　void Clear_Dia(int dia_x,int dia_y,int shape,int change)//擦除方块
　　{
　　　　int i,j;
　　　　for(j = 0;j < 4; + + j)
　　　　　　for(i = 0;i < 4; + + i)
　　　　　　{
　　　　　　　　if(Tetris[shape][change][j][i] == 1)
　　　　　　　　{

```c
            gotoxy(2 * dia_x + 2 * j, dia_y + i);
            printf(" ");
        }
    }
}
void Pause()  //暂停
{
    char c;
    do
    {
        c = getch();}
        while(c! = 'p');
}
void Dis_Dia(int dia_x, int dia_y, int shape, int change)  //打印方块
{
    int i, j;
    SetColor(shape);
    for(j = 0; j < 4; ++j)
        for(i = 0; i < 4; ++i)
        {
            if(Tetris[shape][change][j][i] == 1)
            {
                gotoxy(2 * dia_x + 2 * j, dia_y + i);
                printf("■");
            }
        }
}
void Backdrop(int dia_x, int dia_y, int shape, int change)  //将方块融入背景
{
    int j, i;
    for(j = 0; j < 4; ++j)
        for(i = 0; i < 4; ++i)
        {
            if(Tetris[shape][change][j][i] == 1)
            {
                Background[dia_y + i][dia_x + j] = 1;
            }
        }
}
```

```c
void Dis_Back()//显示背景
{
    int j,i;
    for(j = 0;j < YYY; + + j)
        for(i = 0;i < XXX; + + i)
        {
            if(Background[j][i] == 1)
            {
                gotoxy(2 * i,j);
                printf("■");
            }
        }
}
int Dete(int dia_x,int dia_y,int shape,int change)//判断是否非法
{
    int j,i;
    for(j = 0;j < 4; + + j)
        for(i = 0;i < 4; + + i)
            if((Background[dia_y + i][dia_x + j] == 1)&&(Tetris[shape][change][j][i] == 1))
                return 0;//返回0代表非法
    return 1;//返回1代表不非法
}
int Is_GameOver()//判断游戏是否结束
{
    int j;
    for(j = 1;j < XXX - 1; + + j)
        if(Background[2][j] == 1)
            return 0;//返回0代表游戏结束
    return 1;//返回1代表还继续
}
void NextTetris()//设置下一个方块并打印出来
{
    gotoxy(XXX * 2 + 5,YYY - 21);
    printf("The next tetris:");
    Clear_Dia(XXX + 5,YYY - 20,nextshape,nextchange);
    nextshape = rand() % 7;
    nextchange = rand() % 4;
    Dis_Dia(XXX + 5,YYY - 20,nextshape,nextchange);
```

```c
}
void Disappear()//消行
{
    int jj,ii,j,i,CanDis,num = 0;
    score = 0;
    for(j = (YYY - 2);j > 0; - - j)
    {
        CanDis = 1;
X:for(i = 1;i < (XXX - 1); + + i)
        if(Background[j][i] !  = 1)
            CanDis = 0;
        if(CanDis == 1)
        {
            for(jj = j;jj > 1; - - jj)//调整背景数组
            {
                for(ii = 1;ii < (XXX - 1); + + ii)
                    Background[jj][ii] = Background[jj - 1][ii];
            }
             + + num;
            goto X;
        }
    }
    if(num)
    {
        system("cls");
        Dis_Back();//重新打印背景
        score = num * num;
    }
}
void Score()//分数系统
{
    Allscore + = score;
    SetColor(5);
    gotoxy(XXX * 2 + 5,YYY - 15);
    printf("score:");
    gotoxy(XXX * 2 + 5,YYY - 13);
    printf(" % d",Allscore);
    switch(Allscore/100)
    {case 0:speed = 25;break;
```

```c
        case 1:speed = 20;break;
        case 2:speed = 17;break;
        case 3:speed = 15;break;
        case 4:speed = 12;break;
        case 5:speed = 10;break;
        case 6:speed = 7;break;
        case 7:speed = 5;break;
        case 8:speed = 2;break;
        case 9:{speed = 0;break;}
    }
    gotoxy(XXX * 2 + 5,YYY - 11);
    printf("level:");
    if(speed == 25)
        level = 0;
    if(speed == 20)
        level = 1;
    if(speed == 17)
        level = 2;
    if(speed == 15)
        level = 3;
    if(speed == 12)
        level = 4;
    if(speed == 10)
        level = 5;
    if(speed == 7)
        level = 6;
    if(speed == 5)
        level = 7;
    if(speed == 2)
        level = 8;
    if(speed == 0)
        level = 9;
    gotoxy(XXX * 2 + 5,YYY - 9);
    printf("%d",level);
}
void Init()//初始化背景
{
    int i,j;
    hConsole = GetStdHandle(STD_OUTPUT_HANDLE);
```

```c
    for(i = 0; i < XXX; ++i)//初始化横的
    {
      Background[0][i] = 1;
      Background[YYY - 1][i] = 1;
    }
    for(j = 1; j < (YYY - 1); ++j)//初始化竖的
    {
      Background[j][0] = 1;
      Background[j][XXX - 1] = 1;
    }
    srand((unsigned)time(NULL));
    dia_x = XXX/2 - 1;
    dia_y = 1;
    Dis_Back();
    Score();
    shape = rand() % 7;
    change = rand() % 4;
    NextTetris();
}
void Getkbhit()//对上下左右按键的处理
{
    if(kbhit())//如果有按键则进入按键处理
    {
      switch(getch())
      {
      case 71:
      case 'p':
        Pause();
        break;
      case 72:
      case 'w':
        if((change + 1) > 3)
        {
          if(Dete(dia_x,dia_y,shape,0))
          {
            Clear_Dia(dia_x,dia_y,shape,change);
            change = 0;
            Dis_Dia(dia_x,dia_y,shape,change);
          }
```

```c
        }
      else
        if(Dete(dia_x,dia_y,shape,change+1))
          {
            Clear_Dia(dia_x,dia_y,shape,change);
            Dis_Dia(dia_x,dia_y,shape,++change);
          }
        break;
    case 's':
    case 80:
        if(Dete(dia_x,dia_y+1,shape,change))
          {
            Clear_Dia(dia_x,dia_y,shape,change);
            Dis_Dia(dia_x,++dia_y,shape,change);
          }
        break;
    case 'a':
    case 75:
        if(Dete(dia_x-1,dia_y,shape,change))
          {
            Clear_Dia(dia_x,dia_y,shape,change);
            Dis_Dia(--dia_x,dia_y,shape,change);
          }
        break;
    case 'd':
    case 77:
        if(Dete(dia_x+1,dia_y,shape,change))
          {
            Clear_Dia(dia_x,dia_y,shape,change);
            Dis_Dia(++dia_x,dia_y,shape,change);
          }
        break;
    default:break;
    }
}
if((clock()-nowtime)>=1000 && Dete(dia_x,dia_y+1,shape,change))  //自动下落
{
  Clear_Dia(dia_x,dia_y,shape,change);
  Dis_Dia(dia_x,++dia_y,shape,change);
```

```c
        nowtime = clock();
    }
}
void HideCursor()//隐藏光标
{
    CONSOLE_CURSOR_INFO cursor_info = {1,0};
    SetConsoleCursorInfo(hConsole,&cursor_info);
}
int main(void)
{
    HideCursor();
    system("title 俄罗斯方块");
    Init();
    nowtime = clock();
    while(Is_GameOver())
    {
        if(Is_Gethit)
        {
            dia_x = XXX/2 - 1;
            dia_y = 1;
            Is_Gethit = 0;
        }
        if((clock() - nowtime) >= 500 && ! Dete(dia_x,dia_y + 1,shape,change))
        {
            Backdrop(dia_x,dia_y,shape,change);
            Is_Gethit = 1;
            shape = nextshape;
            change = nextchange;
            Disappear();
            NextTetris();
            Score();
        }
        Getkbhit();
        Sleep(speed);
    }
    printf("\n");
    return 0;
}
```

第三部分 配套教材课后习题参考答案

第1章习题参考答案

1. 解答:完成一个特定工作的一系列指令叫程序,程序通常也指完成某些事务的一种既定方式和过程,即程序可看作对一系列动作的执行过程的描述。人们把编制计算机程序的工作称为程序设计。

2. 解答:二进制机器语言很不方便,用它书写程序非常困难,不但工作效率极低,程序的正确性也难以保证,发现错误也很难辨认和改正。

3. 解答:
(1)语言简洁、紧凑、书写形式自由,是一种规模较小的语言。
(2)提供丰富的程序机制,包括丰富且功能强大的运算符、各种控制机制和数据定义机制,能满足构造复杂程序时的各种需要。
(3)提供一套预处理命令,支持程序或软件系统的分块开发。
(4)可以写出效率很高的程序。
(5)C语言的工作得到了世界计算机界的广泛赞许。

4. 解答:
(1)C语言程序是由头文件和源文件组成。
(2)main函数(主函数)是每个程序执行的起始点。
(3)一个函数由函数首部和函数体两部分组成。
(4)可以使用/* */对C程序中任何部分作注释。
(5)C语言本身不提供输入/输出语句,输入/输出的操作是通过调用库函数(scanf,printf)完成。

5. 解答:
(1)分析问题,设计一种解决问题的途径。
(2)根据所设想的解决方案,用编辑系统(Word或集成开发环境IDE)建立程序。
(3)用编译程序对源程序进行编译。正确完成就进入下一步;如果发现错误,就需要设法确定错误,回到第(2)步,去修改程序。
(4)反复工作直到编译能正确完成,编译中发现的错误都已排除,所有警告都已处理,这时就可进行程序链接,如果发现错误,就返回第(2)步,修改程序后重新编译。
(5)正常链接产生可执行程序后,可开始程序的调试执行。此时需要一些实际数据考查程序的执行效果。如果执行中出现问题,或发现结果不正确,那么就要设法确定错误的原因,回到前面的步骤,修改程序,重新编译,重新链接等。重复上述过程直到程序正确为止。

6. 略

7. 略

8. 解答：

(1) 参考代码：

```
main()
{
    printf("C program1");
}
```

(2) 参考代码：

```
main()
{
    printf("C program1");
    printf("C program2");
}
```

9. 解答：main 函数是程序执行的起始点,一个 C 语言程序总是从 main 函数开始执行,而不论 main 函数在程序中的位置如何。

10. 解答：

C 语言程序的编辑、编译与运行。

C 语言是高级程序语言,用它写出的程序通常称为 C 语言源程序(其扩展名为".c")。

为使计算机能完成某个 C 语言源程序所描述的工作,就必须首先把这个源程序转换成二进制形式的机器语言程序,这种转换称为"C 程序的加工"。C 程序加工通常分为两步完成：

第一步,由编译程序对源程序文件进行分析和处理,生成相应的机器语言目标模块,有目标模块构成的代码文件称为目标文件(其扩展名为".obj")。

第二步,加工链接。这一工作由链接程序完成,将编译得到的目标模块与其他必要部分(运行系统、函数库提供的功能模块等)拼装起来,做成可执行程序(其扩展名为".exe")。

11. 解答：源代码是用高级语言书写的程序代码,是给人看的代码。可执行程序是机器运行的二进制代码。二者的关系是：源代码要执行必须经过编译与链接生成可执行代码。

12. 解答：

参考代码：

```
#include<stdio.h>
main()
{
    printf("      *\n");
    printf("     * * *\n");
    printf("    * * * * *\n");
    printf("   * * * * * * *\n");
    printf("    * * * * *\n");
    printf("     *   *   *\n");
```

```
    printf("       *\n");
}
```
13. 解答:(1)B;(2)D;(3)D。

第 2 章习题参考答案

1. 解答:
(1)凡未被事先定义的,系统不把它认作变量名,这就能保证程序中变量名使用得正确。
(2)每一个变量被指定一个确定类型,在编译时就能为其分配相应的存储单元。
(3)对每一变量指定类型,便于在编译时检查程序中对该变量进行的运算是否合法。

2. 解答:
(1) $v = 4/3 * 3.14 * r * r * r$ （π 小数点后保留两位有效数字）;
(2) $R = 1/(1/R1 + 1/R2)$;
(3) $y = x * x * x - 3 * x * x - 7$;
(4) $G = 6.67 \times 10^{-11} N \cdot m^2 / kg^2$
    $F = 6.67 * 10E - 11 * (m1 * m2)/(R * R)$;
(5) $Sqrt(1 + 3.14/2 * tan(48 * 3.14/180))$ （π 小数点后保留两位有效数字）。

3. 解答:
(1)b=7;(2)a=6;(3)1;(4)b=12;(5)0;(6)1;(7)0;(8)0。

4. 解答:
参考代码:
```c
#include<stdio.h>
main()
{
    char a,b,c;
    scanf("%c,%c,%c",&a,&b,&c);
    printf("%d,%d,%d",a,b,c);
    printf("%c,%c,%c",c,b,a);
}
```

5. 解答:
参考代码:
```c
#include<stdio.h>
#include<math.h>
void main()
{
    float A,B,C,P,S;
    scanf("%f,%f,%f",&A,&B,&C);
    P = 1.0/2 * (A + B + C);
    S = sqrt(P * (P - A) * (P - B) * (P - C));
```

```
    printf("A = %f,B = %f,C = %f,P = %f\n",A,B,C,P);
    printf("S = %f\n",S);
}
```

6. 解答:(1)2;(2)33;(3)3;(4)56.000000。

7. 解答:(1)2008;(2)21;(3)10;(4)9。

8. 解答:

参考代码:

```
#include<stdio.h>
void main()
{
    int a;
    float f;
    printf("please input two numbers integer and float:");
    scanf("%d,%f",&a,&f);
    a = a * f;
    printf("a * f = %d",a);
    printf("\n");
}
```

结果出错。结果存在误差。原因是当整型与浮点型数据进行运算时,系统将自动进行数据类型转换,整型将首先转换为浮点型,然后与浮点型数据进行运算,运算的结果是浮点型数据。将浮点型数据赋值给整型变量时,会将小数点部分舍去,所以最终结果会有误差。

9. 解答:

参考代码:

```
#include<stdio.h>
void main()
{
    float v,a,time,s;
    printf("please input your v = ");
    scanf("%f",&v);
    printf("please input your a = ");
    scanf("%f",&a);
    printf("please input your time = ");
    scanf("%f",&time);
    s = (v * time - a * time * time/2);
    printf("s = %f",s);
}
```

10. 解答：
(1)D；(2)D；(3)A；(4)B；(5)B；(6)C；(7)D；(8)D；(9)D；(10)B；(11)C；(12)A；(13)D；(14)C。

第 3 章习题参考答案

1. 解答：
(1)1,2；
(2)E,68；
(3)How are you? How；
(4)如输入：12,c
　　　　500
　　　　23456

输出：a=12＊＊b=500＊＊ch=c＊＊L=23456。

2. 解答：
(1)参考代码：
```
#include <stdio.h>
void main()
{
    float a,b,c,sum;
    printf("请输入三个数:");
    scanf("%f,%f,%f",&a,&b,&c);
    sum = a + b + c;
    printf("三个数的和 = %f\n",sum);
}
```
(2)参考代码：
```
#include <stdio.h>
#define PI 3.14
void main()
{
    float r,s,l;
    printf("请输入圆的半径:",r);
    scanf("%f",&r);
    s = PI * r * r;
    l = 2 * PI * r;
    printf("圆的面积 = %f\n 圆的周长 = %f\n",s,l);
}
```

3. 解答：(1)B；(2)C；(3)B。

第 4 章习题参考答案

1. 解答：
(1) m=1；
(2) 4:05PM；
(3) 10,14；
(4) * * * * *
　　* * * * *
　　　* * * * *
　　　　* * * * *
　　　　　* * * * *
　　　　　　* * * * *
(5) 1　2；
(6) s=0；
(7) 1AbCeDf2dF；
(8) 3；
(9) 0,4,6；
(10) 0,1,2,5。

2. 解答：
(1) 参考代码：

```
#include<stdio.h>
int main()
{
    int a,b,c,max;
    scanf("%d%d%d",&a,&b,&c);
    max = a;
    if(b>max)
        max = b;
    if(c>max)
        max = c;
    printf("%d\n",max);
}
```

(2) 参考代码：

```
#include<stdio.h>
void main()
{
    int a,b,c,d,t;
    scanf("%d,%d,%d,%d",&a,&b,&c,&d);
```

```
    if(a>b){t=a;a=b;b=t;}
    if(a>c){t=a;a=c;c=b;}
    if(a>d){t=a;a=d;d=t;}
    if(b>c){t=b;b=c;c=t;}
    if(b>d){t=b;b=d;d=t;}
    if(c>d){t=c;c=d;d=t;}
    printf("%d,%d,%d,%d",a,b,c,d);
}
```

(3)参考代码：

```
#include<stdio.h>
void main()
{
    int i;
    printf("please input your integer numbers1~7:");
    scanf("%d",&i);
    switch(i)
    {
    case 1:
        printf("MON\n");
        break;
    case 2:
        printf("TUE\n");
        break;
    case 3:
        printf("WED\n");
        break;
    case 4:
        printf("THU\n");
        break;
    case 5:
        printf("FRI\n");
        break;
    case 6:
        printf("SAT\n");
        break;
    case 7:
        printf("SUN\n");
        break;
    default:
```

```
        printf("please input your numbers again\n");
    }
}
```

(4)参考代码：
```
#include<stdio.h>
void main()
{
    float a,b,c,temp;
    scanf("%f,%f,%f",&a,&b,&c);
    if(a == b || a == c || b == c)
    printf("please input your numbers again:\n");
    if(a>b){temp = a;a = b;b = temp;}
    if(a>c){temp = a;a = c;c = temp;}
    if(b>c){temp = b;b = c;c = temp;}
    printf("%f\n",b);
}
```

(5)参考代码：
```
#include<stdio.h>
void main()
{
    int a;
    printf("please input your a = ");
    scanf("%d",&a);
    if(a == 0)printf("zero\n");
    else if(a%2 == 0)printf("odd\n");
    else printf("even\n");
}
```

(6)参考代码：
```
#include<stdio.h>
void main()
{
    int i,j,sum = 0;
    printf("please input one integer number:");
    scanf("%d",&i);
    do
    {
        j = i%10;
        printf("%d",j);
        sum + = 1;
```

```
      i = i/10;
    }while(i>0);
    printf("\n");
    printf("你输入的数字是%d位数\n",sum);
}
```

(7)参考代码：
```
#include <stdio.h>
void main()
{
    int a,b,c,t;
    printf("please input two integer number:\n");
    scanf("%d,%d",&a,&b);
    while(a<=0 || b<=0)
    {
        printf("please input your integer number again!!!");
    }
    if(a<b)
    { t = a;
      a = b;
      b = t;
    }
      c = a * b;
      while(b)
      {
          int r = a%b;
          a = b;
          b = r;
      }
      printf("the two numbers divisor is %d\n",a);
      printf("the two numbers multiple is %d\n",c/a);
}
```

(8)参考代码：
```
#include<stdio.h>
void main()
{
    int i,j;
    for(i=1;i<=1000;i++)
    {
        int s = 0;
```

```c
        for(j = 1;j<i;j ++ )
        {
            if(i % j == 0)
                s + = j;
        }
        if(s == i)
        {
            printf(" % d\n",i);
        }
    }
}
```

(9)参考代码：
```c
#include <stdio.h>
void main()
{
    float s = 0,h = 1,g;
    int i;
    for(i = 1;i<10;i ++ )
    {
        h * = 2;
        s + = 100/h;
    }
    s = 2 * s + 100;
    g = 100/h;
    printf("in all runtime % f\n",s);
    printf(" % f\n",g);
}
```

(10)参考代码：
```c
#include<stdio.h>
void main()
{
    int n,i,flag;
    printf("100 到 300 之间的素数是:\n");
    for(n = 101;n< = 300;n ++ )
    {
        flag = 1;
        for(i = 2;i<n;i ++ )
            if(n % i == 0)
            {
```

```
        flag = 0;
        break;
      }
      if(flag)printf("%5d",n);
  }
}
```

(11)参考代码：
```
#include<stdio.h>
void main()
{
  int i,max,t;
loop:
  scanf("%d",&i);
  if(i>0)
  {
    max = i;
    if(i>max)max = i;
    goto loop;
  }
  if(i == -1)
      printf("最大数为:%d",max);
}
```

(12)参考代码：
```
#include<stdio.h>
void main()
{
  int n;
  for(n = 10;n<= 1000;n ++ )
  {
    if(n%2 == 0&&n%3 == 0&&n%7 == 0)
      printf("%d,",n);
  }
}
```

(13)参考代码：
```
#include<stdio.h>
main()
{
  int i,j;
  for(i = 1;i<= 9;i ++ )        //循环计算1~9
```

```
        {
          for(j=1;j<=i;j++)        //输出数i的i个乘法项
          {
            printf("%d*%d=%d",i,j,i*j);
          }
          if(i==3)printf("\tThis is the 9*9 table.");
                                          //在第3行输出This is the 9*9 table.
          printf("\n");//输出换行符
        }
    }
```

(14) 参考代码：
```
#include <stdio.h>
#include <string.h>
void main()
{
    int pw,f;
    int i=3,j=3;
    char user[15];
    printf("==========用户登录==========\n");
qq1:
    if(j==0)
    {
        printf("你的输入已经超过预定次数,详情请与管理员联系,谢谢合作。\n");
        goto ee;
    }
    printf("请输入用户名:");
    scanf("%s",&user);
    f=strcmp(user,"张三");
    if(f==0)
    {
qq2:
        if(i==0)
        {
            printf("你的输入已经超过预定次数,详情请与管理员联系,谢谢合作。\n");
            goto ee;
        }
        printf("请输入密码:");
        scanf("%d",&pw);
        if(pw==123)
```

```
        {
            printf("* * * * * * * * *欢迎使用本程序* * * * * * * * * *\n\n");
            printf("%s\n\n",user);
        }
        else
        {
            i--;
            printf("密码错误!!\n");
            goto qq2;
        }
    }
    else
    {
        j--;
        printf("用户名错误!!\n");
        goto qq1;
    }
ee:
    printf("\n");
}
```

3.解答：
(1)B;(2)D;(3)D;(4)B;(5)A;(6)A;(7)A;(8)C;(9)A;(10)D。

第5章习题参考答案

1.解答：
(1)101418;(2)2;(3)the sum is 20;(4)11;(5)程序运行后的输出结果是(1 2 3 5 6 9);(6)72;(7)3040;(8)the length of str1 is 12 I love chinaHello! str1>str2;(9)19。

2.解答：
(1)参考代码：
```
#include "stdio.h"
main()
{
    int i,a[5];
    for(i=0;i<5;i++)
    {
        printf("Please input the %dth number:",i+1);
        scanf("%d",&a[i]);}
    for(i=0;i<5;i++
```

```
      printf("the %dth munber is %d",i+1,a[i]);
}
```

(2)参考代码：
```c
#include<stdio.h>
main()
{
    int i,j,a[5];
    int temp;
    for(i=0;i<5;i++)
    {
        printf("\n请输入第%d个数:",i+1);
        scanf("%d",&a[i]);
    }
    printf("\n排序前数组为\n");
    for(i=0;i<5;i++)
        printf("%5d",a[i]);
    for(i=0;i<5;i++)
        for(j=i+1;j<5;j++)
            if(a[i]>a[j])
            {
                temp=a[i];
                a[i]=a[j];
                a[j]=temp;
            }
    printf("\n排序后数组为:\n");
    for(i=0;i<5;i++)
        printf("%5d",a[i]);
}
```

3. 解答：

(1)参考代码：
```c
#include<stdio.h>
main()
{
    int i,j,a[4][3],b[4][3],c[4][3];
    for(i=0;i<4;i++)
        for(j=0;j<3;j++)
            scanf("%d,",&a[i][j]);
    for(i=0;i<4;i++)
        for(j=0;j<3;j++)
```

```
        scanf("%d,",&b[i][j]);
    for(i=0;i<4;i++)
        for(j=0;j<3;j++)
        {c[i][j]=a[i][j]*a[i][j]+b[i][j]*b[i][j];
         printf("%d,",c[i][j]);
        }
}
```

(2)参考代码:
```
#include<stdio.h>
#include<string.h>
main()
{
    char str1[10];
    int i,j,c;
    gets(str1);
    for(i=0,j=9;i<j;i++,j--)
    {   c=str1[i];
        str1[i]=str1[j];
        str1[j]=c;
    }
    printf("%s",str1);
}
```

(3)参考代码:
```
#include<stdio.h>
#include<string.h>
void main()
{
    char aa[100];
    int m;
    gets(aa);
    m=strlen(aa);
    printf("the array aa length is %d\n",m);
}
```

(4)参考代码:
```
#include<stdio.h>
void main()
{
    float m,sum=0;
    int aa[100];
```

```
int i = 0;
printf("please input your 100 integers numbers:\n");
for(i = 0;i<100;i ++ )
{
   scanf("%d,",&aa[i]);
   if(aa[i]> = 100)
     sum + + ;
}
m = sum/100.0;
printf("请你输入数过程中,输入大于 100 的数字的概率是:%4.2f\n",m);
}
```

4.解答:
(1)A;(2)C;(3)D;(4)A;(5)A;(6)B;(7)D;(8)B。

第 6 章习题参考答案

1.解答:
(1)21;(2)3025;(3)9;(4)6;(5)4;(6)8;(7)8,17;(8)hlo;(9)2;(10)12。

2.解答:
(1)参考代码:
```
#include <stdio.h>
void main()
{
   int max(int,int,int);
   int a,b,c;
   int m;
   scanf("%d,%d,%d",&a,&b,&c);
   m = max(a,b,c);
   printf("Max is %d\n",m);
}
int max(int x,int y,int z)
{  int n;
   n = x>y? x:y;
   n = n>z? n:z;
   return(n);
}
```
(2)参考代码:
```
#include<stdio.h>
void fun(int n)
```

```
{
    int i,flag;
    flag = 1;
    for(i = 2;i<n;i ++ )
    if(n % i == 0)
    {
        flag = 0;
        break;
    }
    if(flag)
    printf("% d is a prime number\n",n);
    else
    printf("% d is not a prime number\n",n);
}
void main()
{   int m;
    printf("请输入一个整型数:\n");
    scanf("% d",&m);
    fun(m);
}
```

(3) 参考代码:
```
# include<stdio.h>
void fun(char a)
{
    if((a> = 'a'&&a< = 'z') || (a> = 'A'&&a< = 'Z'))
        printf("the charactor ASCII is % d\n",a);
    else
        printf("you input charactor wrong!!! \n");
}
void main()
{
    char c;
    printf("please input one charactor:");
    scanf("% c",&c);
    fun(c);
}
```

(4) 参考代码:
```
# include<stdio.h>
void fun(int j)
```

```c
{
    float m,sum = 0.0;
    int k;
    for(k = 1;k< = j;k ++ )
    {
        m = (float)(k - 1)/k;
        sum + = m;
    }
    printf("sum = % f\n",(sum + 1));
}
void main()
{
    int i;
    printf("please input one >1 integer number:");
    scanf(" % d",&i);
    fun(i);
}
```

(5)参考代码：
```c
#include<stdio.h>
void fun(int b)
{
    int k,i;
    for(k = 0;k<b;k ++ )
    {
        for(i = 0;i<b;i ++ )
        {
            printf(" * ");
        }
        printf("\n");
    }
}
void main()
{
    int a;
    printf("please input one  integer number:");
    scanf(" % d",&a);
    fun(a);
}
```

(6)参考代码：
```c
#include<stdio.h>
void swap(int j)
{
    printf("%d",j%10);
    j = j/10;
    if(j>0)
        swap(j);
}
void main()
{
    int i;
    printf("please input one integer number:");
    scanf("%d",&i);
    swap(i);
    printf("\n");
}
```

(7)参考代码：
```c
#include<stdio.h>
#include<math.h>
void distance(float x1,float y1,float x2,float y2)
{
    float dis;
    dis = sqrt((y2-y1)*(y2-y1)+(x2-x1)*(x2-x1));
    printf("这两点之间的距离是%f\n",dis);
}
void main()
{
    float a1,b1,a2,b2;
    printf("请输入第一个点的坐标值:");
    scanf("%f,%f",&a1,&b1);
    printf("请输入第二个点的坐标值:");
    scanf("%f,%f",&a2,&b2);
    distance(a1,b1,a2,b2);
}
```

3.解答：
(1)A;(2)B;(3)A;(4)B;(5)A;(6)B;(7)D;(8)A;(9)D;(10)B。

第 7 章习题参考答案

1.解答:指针变量定义和引用指针变量所出现的"*"的含义有所差别。在指针变量定义中的"*"理解为指针类型定义符,表示定义的变量是指针变量。在引用指向变量中的"*"是运算符,表示访问指针变量所指向的变量。

2.解答:
(1)将一个变量的地址赋给一个指针变量。如:
int * p;
p = &a;   //将变量 a 的地址赋给 p
(2)可以通过"*"运算符来取出相应地址中的变量值。如:
int p;
int a = 10;
int * p = &a;
printf("%d", * p);
(3)指针变量加(减)一个整数。如:K= * (p1+3);K= * p1+2;
(4)指针的自增和自减。如:p++;
(5)空值运算。即:p=NULL;
(6)两个指针变量相减。如:K=p1-p2;
(7)两个指针变量比较。如:if(p1>p2)。

3.解答:指向数组的指针是指指针指向数组在内存中的起始地址,指向数组元素的指针是指指向该数组元素在内存中的起始地址。

4.解答:
(1)35;(2)b,B,A,b;(3)abba;(4)cdeab;(5)8,7,6,5,4,3,2,1。

5.解答:
参考代码:
```
#include <stdio.h>
#define N 200
void count(char * );
int main()
{
    char * ch,chr;
    ch = malloc(N+1);
    printf("请输入一行字符:\n");
    gets(ch);
    count(ch);
}
void count(char * ch)
{
```

```
    char *temp=ch;
    int i,chr=0,digit=0;
    while(*ch!='\0')
    {
      if((*ch>='A'&&*ch<='Z')||(*ch>='a'&&*ch<='z'))
        chr++;
      else if(*ch>='0'&&*ch<='9')
        {digit++;}
      ch++;
    }
    printf("该字符串字母有%d个,数字有:%d个\n",chr,digit);
}
```

6.解答:

参考代码:

```
#include<stdio.h>
#define N 10
void main()
{
  int i,j,k,xmax,xmin,temp,x[N];
  printf("Please input array x:\n");
  for(i=0;i<N;i++)
    scanf("%d",&x[i]);
  xmax=xmin=x[0];
  for(i=1;i<N;i++)
    if(x[i]>xmax)
    { xmax=x[i];
      j=i;
    }
    else if(x[i]<xmin)
    { xmin=x[i];
      k=i;
    }
  temp=x[0];
  x[0]=x[j];
  x[j]=temp;
  temp=x[N-1];
  x[N-1]=x[k];
  x[k]=temp;
  printf("output array x:\n");
```

```
        for(i = 0;i<N;i ++ )
            printf(" % d\n",x[i]);
}
```

7. 参考代码：
```
#include<stdio.h>
int a[100];
void main()
{
    int n,s,m,i,count,t;
    printf("input the number of people\n");
    scanf(" % d",&n);
    printf("input s and m\n");
    scanf(" % d % d",&s,&m);
    for(i = 0;i<n;i ++ )
        printf(" % 4d",a[i]);
        printf("\n");
    s = (s - 1) % n;
    for(count = n;count>1;count - - )
    {
        t = a[s = (s + m - 1) % count];
        for(i = s;i<count - 1;i + + );
            a[i] = a[i + 1];
        a[count - 1] = t;
    }
    printf("\n\nthe rest number is: % d\n",a[0]);
    printf("\nthe out order is:\n");
    for(i = n - 1;i> = 0;i - - )
    {
        printf(" % 3d",a[i]);
        if((n - i) % 10 == 0)
            printf("\n");
    }
    printf("\n");
    getchar();getchar();
}
```

8. 参考代码：
```
#include<stdio.h>
#include<string.h>
void StringReverse(char from[],char to[])
```

```c
{
  int i,j;
  char t;
  for(i = 0,j = strlen(from);i<strlen(from)/2;i + + ,j - -)
  {
    t = from[i];
    from[i] = from[j - 1];
    from[j - 1] = t;
  }
  for(i = 0;i<strlen(from);i - -)
    to[i] = from[i];
}
main()
{
  char a[80],b[80];
  printf("请输入源字符串:\n");
  scanf("%s",a);
  StringReverse(a,b);
  printf("输出目的字符串 is:%s\n",b);
}
```

9.解答:
(1)C;(2)A;(3)A;(4)B;(5)D;(6)A;(7)C;(8)C;(9)B;(10)D。

第8章习题参考答案

1.解答:
(1)sex=M
　　score=78.5
(2)1. C 43
　　2. b 62
(3)No. Name Sco1 Sco2 Sco3
01 Tom　　63　85　76
02 Jone　　66　88　75
03 Hor　　52　89　71
04 Kaka　89　85　94
05 David　81　82　86
(4)sun,22
(5)5d 580
(6)2002Shangxian

2. 解答：

参考代码：

```c
#include<stdio.h>
union data
{
    char c;
    short s;
    int i;
    long l;
};
main()
{
    union data a;
    a.c = 'a'; a.s = 200; a.i = 100; a.l = 66000;
    printf("%c %d %d %ld", a.c, a.s, a.i, a.l);
}
```

用对应的类型分别打印出每个变量，它们的结果是一样的。

3. 解答：

参考代码：

```c
#include<stdio.h>
struct stu
{
    char * num;
    char * name;
    char * sex;
    float score;
}student[4] = {{"06001","王芳","女",85},{"06002","杨柳","女",96},{"06003","李蕾","女",78},{"06004","黄刚","男",88}};
main()
{
    struct stu * ps;
    printf("学号\t姓名\t\t性别\t成绩\t\n");
    for(ps = student; ps<student + 4; ps ++ )
        printf("%s\t%s\t\t%s\t%f\t\n", ps->num, ps->name, ps->sex, ps->score);
}
```

4. 解答：

参考代码：

#include<stdio.h>

```c
#include<math.h>
struct point
{
    float x;
    float y;
    float z;
}c1,c2;
main()
{
    float d;
    printf("请输入第一个点\n");
    scanf("%f,%f,%f",&c1.x,&c1.y,&c1.z);
    printf("请输入第二个点\n");
    scanf("%f,%f,%f",&c2.x,&c2.y,&c2.z);
    d = sqrt((c1.x-c2.x)*(c1.x-c2.x)+(c1.y-c2.y)*(c1.y-c2.y)+(c1.z-c2.z)*(c1.z-c2.z));
    printf("距离为:d=%f",d);
}
```

5. 解答：

参考代码：

```c
#include<stdio.h>
struct complex
{
    float re,im;
}c1,c2;
void add(struct complex a,struct complex b)
{
    struct complex c;
    c.re = a.re + b.re;
    c.im = a.im + b.im;
    printf("sum of a and b = %.1f + %.1fi\n",c.re,c.im);
}
main()
{
    printf("\ninput real and image for c1:\n");
    scanf("%f%f",&c1.re,&c1.im);
    printf("\ninput real and image for c2:\n");
    scanf("%f%f",&c2.re,&c2.im);
    add(c1,c2);
```

}

6. 解答：

参考代码：

```c
#include<stdio.h>
struct complex
{
   float re,im;
}c1,c2;
void add(struct complex a,struct complex b)
{
   struct complex c;
   c.re = a.re - b.re;
   c.im = a.im - b.im;
   printf("sum of a and b = %.1f + %.1fi\n",c.re,c.im);
}
main()
{
   printf("\ninput real and image for c1:\n");
   scanf("%f%f",&c1.re,&c1.im);
   printf("\ninput real and image for c2:\n");
   scanf("%f%f",&c2.re,&c2.im);
   add(c1,c2);
}
```

7. 解答：

(1)C；(2)D；(3)D；(4)D。

第 9 章习题参考答案

1. 解答：

参考代码：

```c
#include<stdio.h>
main()
{
   char *s = "I love China";
   FILE *fp;
   fp = fopen("test.dat","w");
   fprintf(fp,"%s",s);
   fclose(fp);
}
```

2. 解答：
(1) Basican；
(2) 28；
(3) 1 2；
(4) "t1.dat"的内容是 end；
(5) 12345；
(6) 程序第五行 fout=fopen('abc.txt','w')；改为 fout=fopen("abc.txt","w")。

3. 解答：
参考代码：

```c
#include <stdio.h>
main()
{
    FILE *fp;
    char str[100];
    int i = 0;
    if((fp = fopen("testt","w")) == NULL)
    {
        printf("打不开文件\n");
        exit(0);
    }
    printf("输入一个字符串:\n");
    getchar();
    gets(str);
    while(str[i]! = '#')
    {
        fputc(str[i],fp);
        i++;
    }
    fclose(fp);
    fp = fopen("test","r");
    fgets(str,strlen(str)+1,fp);
    printf("%s\n",str);
    fclose(fp);
}
```

4. 解答：
参考代码：

```c
#include<stdio.h>
struct student
{
```

```
      char num[6];
      char name[8];
      int score[3];
      float avr;
   }stu[5];
   main()
   {
      int i,j,sum;
      FILE * fp;
      for(i = 0;i<5;i++)
      {
         printf("\nplease input No. %d score:\n",i);
         printf("stuNo:");
         scanf("%s",stu[i].num);
         printf("name:");
         scanf("%s",stu[i].name);
         sum = 0;
         for(j = 0;j<3;j++)
         {
            printf("score %d.",j+1);
            sum += stu[i].score[j];
         }
         stu[i].avr = sum/3.0;
      }
      fp = fopen("stud","w");
      for(i = 0;i<5;i++)
      if(fwrite(&stu[i],sizeof(struct student),1,fp)! = 1)
         printf("file write error\n");
      fclose(fp);
   }
```

5.解答：

参考代码：
```
#include<stdio.h>
main()
{
   FILE * fp;
   char str[100];
   int i = 0;
   if((fp = fopen("test","w")) == NULL)
```

```c
    {
        printf("打不开文件\n");
        exit(0);
    }
    printf("输入一个字符串:\n");
    getchar();
    gets(str);
    while(str[i]! = '!')
    {
    if(str[i]> = 'a'&&str[i]< = 'z')
    str[i] = str[i] - 32;
    fputc(str[i],fp);
    i + +;
    }
    fclose(fp);
    fp = fopen("test","r");
    fgets(str,strlen(str) + 1,fp);
    printf("%s\n",str);
    fclose(fp);
}
```

6. 解答:

参考代码:

```c
#include<stdio.h>
#include<string.h>
#include<conio.h>
#include<stdlib.h>
#define MAX 100
typedef struct
{
    char dm[5];
    char mc[11];
    int dj;
    int sl;
    long je;
}PRO;
PRO sell[MAX];
void ReadDat();
void WriteDat();
void SortDat()
```

```c
{
  int i,j;
  PRO xy;
  for(i = 0;i<99;i ++ )
    for(j = i + 1;j<100;j ++ )
      if(strcmp(sell[i].mc,sell[j].mc)>0)
      {
        xy = sell[i];
        sell[i] = sell[j];
        sell[j] = xy;
      }
      else if(strcmp(sell[i].mc,sell[j].mc) == 0)
        if(sell[i].je>sell[j].je)
        {
          xy = sell[i];
          sell[i] = sell[j];
          sell[j] = xy;
        }
}
main()
{
  memset(sell,0,sizeof(sell));
  ReadDat();
  SortDat();
  WriteDat();
}
void ReadDat()
{
  FILE * fp;
  char str[80],ch[11];
  int i;
  fp = fopen("IN6.DAT","r");
  for(i = 0;i<100;i ++ )
  {
    fgets(str,80,fp);
    memcpy(sell[i].dm,str,4);
    memcpy(sell[i].mc,str + 4,10);
    memcpy(ch,str + 14,4);
    ch[4] = 0;
```

```
        memcpy(ch,str + 18,5);
        ch[5] = 0;
        sell[i].sl = atoi(ch);
        sell[i].je = (long)sell[i].dj * sell[i].sl;
    }
    fclose(fp);
}
void WriteDat()
{
    FILE *fp;
    int i;
    fp = fopen("OUT6.DAT","w");
    for(i = 0;i<100;i ++ )
    {
        fprintf(fp,"%s%s%4d%5d%10ld\n",sell[i].dm,sell[i].mc,sell[i].dj,sell[i].sl,sell[i].je);
    }
    fclose(fp);
}
```

7. 解答：

(1)B；(2)A；(3)C；(4)D。

第四部分 上机实验参考答案

实验二 数据类型、运算符及表达式

题目1 阅读程序、加注释,并给出运行结果。

(1)熟悉变量定义。

运行结果:s=32767,c=127s=-32768,c=-128

(2)熟悉整型变量的三种表示方法。

运行结果:十进制11等于11,八进制11等于9,十六进制11等于17,

十进制	八进制	十六进制	字符
65	101	41	A,
97	141	61	a,

(3)熟悉字符变量与整型变量及它们的互操作。

运行结果:d=100.000000,c2=d

(4)以下程序用于测试本操作系统中C语言里不同类型数据所占内存字节数,运行并体会 sizeof 运算符的使用方法。

运行结果:Size of char is 1

Size of short is 2

Size of int is 4

Size of long is 4

Size of float is 4

Size of double is 8

Size of long double is 8

————————————————

Size of a is 4

Size of 3.0 * 10 is 8

size of shaan xi is 9

(5)熟悉自增、自减操作。

运行结果:a1=13,a2=13,b1=30,b2=37

a3=7,a4=7,b3=30,b4=23

(6)写出下面各逻辑表达式的值。

设 a=3,b=4,c=5

①0　②1　③1　④0　⑤1

(7)运行结果：E,68

(8)运行结果：2,3,1

(9)运行结果：3

(10)运行结果：2

题目2　填写程序中空白处语句。

(1)PI　　(2)int a,b;　　(3)float i,j;

题目3　程序改错并调试改正后的程序。

(1)
```
#include <stdio.h>
void main()                //函数的格式要求
{ int x=2,y=3,a;           //";"为语句结束标志,同类项之间用","作为分隔符。
  a=x*y;                   //C语言区分大小写
  printf("a=%d",a);
  printf("\n");            //字符串使用双引号作为定界符
}
```

(2)
```
#include <stdio.h>
#define PI 3.14159
void main(){
  float r,l,area;
  printf("input r:\n");
  scanf("%f",&r);
  l=2*PI*r;
  area=PI*r*r;
  printf("r=%f, l=%f,area=%f\n",r,l,area);
}
```

题目4　程序改错,并调试改正后的程序。

(1)①scanf("%f",&f);

　　②c=(5.0/9.0)*(f-32)

　　③printf("摄氏温度为：%5.2f\n",c)

(2)①scanf("%d,%d",&a,&b)

　　②x=2*a*b/(a+b)(a+b)

　　③printf("x=%f\n",x)

(3)第一行末尾有多余的分号";"

　　第一行的文件名stdio.h缺""或<>

　　第二行主函数main的末尾有多余的";"

　　第二行的注释有错,C语言规定"/"与"*"之间不能有空格。

　　main函数体缺函数体括号"{}"

第六行语句,printf 缺分号";"
(4)在程序开始缺 #include "stdio.h"
　　第二行 main 函数缺()
　　第二行末尾缺分号";"
　　第五行末尾缺分号";"

题目 5　编一个程序,实现从一个整数中取出其中的 4~7 二进制位。
参考程序:
```
#include<stdio.h>
void main()
{
    unsigned a,b,c,d;
    scanf("%d",&a);
    b=a>>4;
    c=~(~0<<4);
    d=b&c;
    printf("%d\n%d",a,d);
}
```
思考题:略

实验三　数据的输入输出

题目 1　阅读程序加注释,并给出运行结果。
(1)运行结果:3.0,4.0,5.0,area is 6.00
(2)运行结果:This prints a character,z
　　　　　　a number,123
　　　　　　a floatng　print(456.789000)
(3)运行结果:x1=-1
　　　　　　x2=-2
(4)运行结果:hello,world
(5)运行结果::The a & b(decimal)is 3
　　　　　　:The a & b(decimal)is 3
(6)运行结果:12
　　　　　　3
(7)运行结果:AbCdEf

题目 2　体验数据格式输入、输出的效果。
(1)十、八、十六进制数的输入与输出。
输入:10,10,10,10↵　　输出:10,10,10,10
　　　　　　　　　　　　　　a=10,b=16,c=8,d=1

输入:10 10 10 10↵　　输出:10 10 10 10
　　　　　　　　　　　　　　a=10,b=-858993460,c=-858993460,d=?

不正确。因为输入没有按照 scanf 函数的格式要求.
(2)控制字符与修饰符使用 1(一般格式)。

输入:12345678900 ↵　　输出:a=12,b=56.000000,c=7,d=900

输入:123456789m0 ↵　　输出:a=12,b=56.000000,c=7,d=9

输入:12 34 56 78900 ↵　输出:a=12,b=56.000000,c=　,d=8900

输入:
12 ↵
34 ↵
5678900 ↵
输出:a=12,b=56.000000,c=7,d=900

(3)格式字符与修饰符使用 2(使用标志)。

输出:　　1234,1234
　　　　123.46,123.5
　　　　Hello,Hel
　　00001234
　　0000123.46
　　+0001234
　　+000123.46

(4)getchar 与 putchar 的使用。

输入:B1 ↵　输出:B1
　　　　　　　　c1=66,c2=49
　　　　　　　　c1=B,c2=1

输入:B ↵　输出:B

　　　　　　　　c1=66,c2=10
　　　　　　　　c1=B,c2=

题目 3 在程序的空白处填入正确的语句。
①&a,&b,&c　　②%d　　③%f　　④%c

题目 4 按格式要求输入/输出数据。

程序①输出结果：

a = 3,b = 7,x = 8.500000,y = 71.820000,c1 =

,c2 = a

程序②输出结果：

a =　　　　3, b = 7, x = 8.500, y = 71.82000

a

题目 5 上机改错题。

① 　main()
② 　printf("input a,b,c:");
③ 　scanf("%lf %lf %lf",&a,&b,&c);

④ printf("a=%f,b=%f,c=%f\n",a,b,c);
⑤ printf("s=%f,v=%f\n",s,v);

题目 6　编写一个实现如下菜单样式程序。
```
#include<stdio.h>
void main()
{
printf("                    Menu \n");
printf("    = = = = = = = = = = = = = = = = = = = = = = = = = = = =\n");
printf("        1.Input the students' names and scores \n");
printf("        2.Search scores of some students \n");
printf("        3.Modify scores of some students \n");
printf("        4.List all students' scores \n");
printf("        5.Quit the system \n");
printf("    = = = = = = = = = = = = = = = = = = = = = = = = = = = =\n");
printf("        Please input your choise(1-5):\n");
}
```

题目 7　自加、自减运算符以及 printf 的输出顺序问题。
输出结果:7,8,7,8

实验四　选择结构

题目 2　阅读程序、加注释并给出运行结果。
(1)当 x 输入 -5 时,运行结果:　-5　-1
　　当 x 输入 0 时,运行结果:　0　0
　　当 x 输入 3 时,运行结果:　3　1
(2)运行结果:　######
(3)运行结果:　100
(4)当 n 输入 105 时,运行结果:　A:3,5,7
　　当 n 输入 123 时,运行结果:　C:3
　　当 n 输入 124 时,运行结果:　D:none
　　当 n 输入 567 时,运行结果:　B:3,7
(5)运行结果:　1217
(6)运行结果:　0
(7)运行结果:　3,10,14
(8)运行结果:　7

题目 3　在程序的空白处填入正确的语句。
(1)①&a,&ch,&b　②ch　③break;　④break;　⑤break;　⑥b==0　⑦float
(2)①c　②c　③c>='0' && c<='9'　④c>='a' && c<='z'
　　⑤c>='A' && c<='Z'

题目 4 使用 if 语句编程题。
```
#include "stdio.h"
#include "conio.h"
void main()
{ int x,y;
  scanf("%d",&x)
  if(x<0)y=-1;
  else  if(x==0)   y=0;
      else   y=1;
  printf("x=%d,y=%d\n",x,y);
}
```
题目 5 分别使用 if 语句和 switch 语句编程。
方法一:用 if 嵌套。
```
#include"stdio.h"
main()
{
   int   score;
   char   grade;
   printf("\nplease input a student score:");
   scanf("%d",&score);
   if(score>100 || score<0)
      printf("\ninput error!");
   else
   {
      if(score>=90)
        grade='A';
      else if(score>=80)
          grade='B';
         else if(score>=70)
             grade='C';
            else if(score>=60)
                grade='D';
               else grade='E';
      printf("\nthe student grade:%c",grade);
   }
}
```
方法二:用 switch 语句。
```
#include"stdio.h"
main()
```

```c
{
    int g,s;
    char ch;
    printf("\ninput a student grade:");
    scanf("%d",&g);
    s = g/10;
    if(s<0 || s>10)
        printf("\ninput error!");
    else
    {
        switch(s)
        {
            case 10:
            case 9:  ch = 'A';  break;
            case 8:  ch = 'B';  break;
            case 7:  ch = 'C';  break;
            case 6:  ch = 'D';  break;
            default: ch = 'E';
        }
        printf("\nthe student scort:%c",ch);
    }
}
```

题目6 编程题。

(1)
```c
#include <stdio.h>
int main()
{
    int a,m;
    printf("Enter a number:");
    scanf("%d",&a);
    printf("a = %d\n",a);
    switch(a/10){
        case 0:
        case 1:
        case 2:m = 1;break;
        case 3:m = 2;break;
        case 4:m = 3;break;
        case 5:m = 4;break;
        default:m = 5;
```

```
    }
    printf("m = %d\n",m);
    return 0;
}
```

(2)①不嵌套的 if 语句
```
#include <stdio.h>
main()
{
    int x,y;
    printf("Enter a number x:");
    scanf("%d",&x);
    if(x>-5&&x<0){
       y=x;
    }
    if(x==0){
       y=x-1;
    }
    if(x>0&&x<10){
       y=x+1;
    }
    printf("y = %d\n",y);
}
```

②嵌套的 if 语句
```
#include <stdio.h>
main()
{
    int x,y;
    printf("Enter a number x:");
    scanf("%d",&x);
    if(x>-5&&x<10){
       if(x<10)   {
          y=x+1;
          if(x==0)   {y=x-1;}
          if(x<0)    {y=x;}
       }
    }
    printf("y = %d\n",y);
}
```

③if - else 语句

```c
#include <stdio.h>
main()
{
    int x,y;
    printf("Enter a number x:");
    scanf("%d",&x);
    if(x>-5&&x<0){
        y=x;
    }else if(x==0){
        y=x-1;
    }else if(x>0&&x<10){
        y=x+1;
    }
    printf("y=%d\n",y);
}
```

④switch 语句

```c
#include <stdio.h>
main()
{
    int x,y;
    printf("Enter a number x:");
    scanf("%d",&x);
    printf("x=%d\n",x);
    switch(x)
    {
        case -4:case -3:case -2:case -1:y=x;break;
        case 0:y=x-1;break;
        case 1:case 2:case 3:case 4:case 5:case 6:case 7:case 8:
        case 9:y=x+1;break;
    }
    printf("y=%d\n",y);
}
```

思考题

4.某托儿所收 2 岁到 6 岁的孩子,2 岁、3 岁孩子进小班(Lower class);4 岁孩子进中班(Middle class);5 岁、6 岁孩子进大班(Higher class)。编写程序(用 switch 语句),输入孩子年龄,输出年龄及进入的班号。如:输入:3,输出:age:3,enter Lower class。

参考代码:

```c
#include <stdio.h>
```

```
void main()
{ int age,s = 0;
  printf("Please input age");
  scanf("%d",&age);
  if(1<age && age<4)s + = 1;
  if(age == 4)s + = 2;
  if(4<age&&age<7)s + = 3;
  switch(s)
  { case 1:printf("enter Lower class\n");break;
    case 2:printf("enter Middle class\n");break;
    case 3:printf("enter Higher class\n");break;
    default:printf("dont enter! \n");
  }
}
```

5. 自守数是其平方后尾数等于该数自身的自然数。例如：

$25 * 25 = 625$

$76 * 76 = 5776$

任意输入一个自然数，判断是否自守数并输出：如：

25 yes $25 * 25 = 625$

11 no $11 * 11 = 121$

参考代码：

```
#include "stdio.h"
void main()
{
  int m,n,mm,nn,flag = 1;
  printf("please inter a number:\n");
  scanf("%d",&m);
  mm = m * m;
  n = m;
  nn = mm;
  while(n)
  {
    if(n%10!= nn%10)flag = 0;
    n/ = 10;
    nn/ = 10;
  }
  if(flag)printf("%d is automaphic.",m);
  else printf("%d is not automaphic.",m);
  printf("%d * %d = %d\n",m,m,mm);
}
```

实验五　循环结构

题目 1　阅读程序、加注释,并给出运行结果。

(1) do-while 语句的使用。

运行结果:1+2+3+…+100=101

(2) switch 语句的使用。

运行结果:x=1　x+y=2　y=1　x*y=3

(3) for 语句的使用 1。

运行结果:0 1 123

(4) for 语句的使用 2。

运行结果:1
　　　　1　2
　　　　1　2　3
　　　　1　2　3　4
　　　　1　2　3　4　5
　　　　1　2　3　4　5　6
　　　　1　2　3　4　5　6　7
　　　　1　2　3　4　5　6　7　8
　　　　1　2　3　4　5　6　7　8　9

(5) continue 语句的使用。

运行结果:s=0

(6) break 语句的使用。

运行结果:m=6

(7) 三重循环的使用。

运行结果:

　　1,2,3　1,2,4　1,3,2　1,3,4　1,4,2　1,4,3　2,1,3　2,1,4　2,3,1　2,3,4
　　2,4,1　2,4,3　3,1,2　3,1,4　3,2,1　3,2,4　3,4,1　3,4,2　4,1,2　4,1,3
　　4,2,1　4,2,3　4,3,1　4,3,2

(8) 循环嵌套例。

运行结果:21
　　　　261
　　　　1581

题目 2　程序填空。

(1) ①{ t=m;m=n;n=t;}　②t=a%b;a=b;b=t;

(2) k<=n

(3) ①n>0　②10+n%10　③m

(4) ①ch>=65&&ch<=90 || ch>=97&&ch<=122　②' '
　　③ch>=48&&ch<=57

(5)①i<10　②j%3!=0
(6)①t=t*i;　②t=-t/i
(7)①j<4　②j<=I　③k+2
(8)①d=1.0　②k++　③k<=n

题目3　改错题1。
(1)①x!='a'-1　②加一行语句:x--

题目4　改错题2。
(1)①break　②continue
(2)①for(j=0;j<=20-i;j++)　②printf(" ");　③加一行语句:printf("\n");

题目5　分别用 while、do-while、for 语句编程,求数列前20项之和:2/1,3/2,5/3,8/5,13/8…

使用for语句编程参考程序:

```
#include <stdio.h>
void main()
{
    float n,c,a=1,b=2;
    float x,sum=0;
    for(n=1;n<21;n++)
    {
        x=b/a;
        sum=x+sum;
        c=a;
        a=b;
        b=a+c;
    }
    printf("The answer is %f",sum);
}
```

题目6　编程题。
(1)求 $n! = 1*2*3*\cdots*n$

```
#include<stdio.h>
main()
{
int i,n;
long t;
while(1){
    printf("please input a number! \n");
    scanf("%d",&n);
    if(n>16){
    printf("the resule will out of range,please input a small number again! \n");
```

```
            continue;
        }else{
            break;
        }
    }
    t = 1;
    for(i = 1;i< = n;i ++ )
        t = t * i;
    printf("% d! = % ld\n",n,t);
}
```

(2) 计算多项式的值：$s=1!+2!+3!+4!+\cdots+20!$

```
#include<stdio.h>
void main()
{
    int i = 0,n = 1,sum = 0;
    for(i = 1;i< = 20;i ++ )
    {n = n * i;
    sum = sum + n;}
    printf("多项式的值为：% d\n",sum);
}
```

(3) 打印输出 100~200 之间的素数。

```
#include <stdio.h>
void main()
{
    int i,j;
    for(i = 100;i< = 200;i ++ )
    {  for(j = 2;j< = i - 1;j ++ )
        if(i % j == 0)break;
       if(j>i - 1)printf("% 5d",i);
    }
}
```

(4) 编写一个程序，输出所有这样的三位数（水仙花数）：

```
#include <stdio.h>
void main()
{ int i,a,b,c;
  for(i = 100;i< = 999;i ++ )
  {
      c = i % 10;
      b = i/10 % 10;
```

```
    a = i/100;
    if(a*a*a+b*b*b+c*c*c == i)
  printf("%4d",i);
  }
}
```

题目7 编程题。

(1)程序如下：

```c
#include <stdio.h>
#include <math.h>
main(){
  int s;
  float n,t,pi;
  t = 1.0;
  pi = 0;
  n = 1.0;
  s = 1;
  while(fabs(t) >= 1e-6)
  {
    pi = pi + t;
    n += 2.0;
    s = -s;
    t = s/n;
  }
  pi = pi * 4;
  printf("pi = %f\n",pi);
}
```

运行后输出结果：pi=3.141594

(2)程序如下：

```c
#include<stdio.h>
main()
{
  int k,i,j;
  for(i = 0;i<4;i++){
    for(k = 1;k<=i;k++)printf(" ");
    for(j = 0;j<7-i*2;j++)printf("*");
    printf("\n");
  }
}
```

思考题

2. 求 20 以内的能被 3 或 5 整除的数的阶乘的累加和,即求 3！＋5！＋6！＋9！＋…＋20！。

程序如下：
```
#include<stdio.h>
void main()
{
    int i = 0,n = 1,sum = 0;
    for(i = 1;i< = 7;i++)
    { n = n * i;
        if(i%3 == 0 || i%5 == 0)
        { printf("i = %d\n",i);
          sum = sum + n;
          printf("sum = %d\n",sum);
        }
    }
    printf("多项式的值为：%d\n",sum);
}
```

3. 求 $Sn=a+aa+aaa+\cdots+aa\cdots aaa$(有 n 个 a)之值,其中 a 是一个数字。例如:$2+22+222+2222+22222(n=5)$,n 由键盘输入。

程序如下：
```
main()
{
    int a,n,count = 1;
    long int sn = 0,tn = 0;
    printf("please input a and n\n");
    scanf("%d,%d",&a,&n);
    printf("a = %d,n = %d\n",a,n);
    while(count< = n)
    {
        tn = tn + a;
        sn = sn + tn;
        a = a * 10;
        ++count;
    }
    printf("a+aa+… = %ld\n",sn);
}
```

4. 输入两个正整数 m 和 n,求它们的最大公约数和最小公倍数。

程序如下：
```c
#include<stdio.h>
void main()
{
    int m,n;
    int m_cup,n_cup,res;/*被除数,除数,余数*/
    printf("Enter two integer:\n");
    scanf("%d %d",&m,&n);
    if(m > 0 && n >0)
    {
        m_cup = m;
        n_cup = n;
        res = m_cup % n_cup;
        while(res ! = 0)
        {
            m_cup = n_cup;
            n_cup = res;
            res = m_cup % n_cup;
        }
        printf("Greatest common divisor:%d\n",n_cup);
        printf("Lease common multiple:%d\n",m * n / n_cup);
    }
    else printf("Error! \n");
}
```

5. 编写一个程序实现如下功能：验证 100 以内的数满足下列结论：任何一个自然数 n 的立方都等于 n 个连续奇数之和。例如：$1^3=1；2^3=3+5；3^3=7+9+11$。

程序如下：
```c
#include<stdio.h>
void main()
{
int i,a,b,c;
for(i = 100;i< = 999;i ++ )
    { a = i/100;
      b = (i/10) % 10;
      c = i % 10;
      if(i == a * a * a + b * b * b + c * c * c)
      printf("%d\n",i);}
}
```

6. 编写程序实现输入整数 n，输出如下所示由数字组成的菱形（图中 $n=5$）。

```
                1
              1 2 1
            1 2 3 2 1
          1 2 3 4 3 2 1
        1 2 3 4 5 4 3 2 1
          1 2 3 4 3 2 1
            1 2 3 2 1
              1 2 1
                1
```

程序如下：
```
#include<stdio.h>
main()
{
    int i,j,k,p,t;
    for(i=1;i<=5;i++)
    {
        for(p=5;p>i;p--)
            printf(" ");
        for(j=1;j<=2*i-1;j++)
        {
            k=j;
            if(j<=i)
            {
                printf("%d",k++);
                t=k-1;
            }
            else
                printf("%d",--t);
        }
        printf("\n");
    }
    for(i=5;i>1;i--)
    {
        for(p=5;p>=i;p--)
            printf(" ");
        for(j=3;j<=2*i-1;j++)
        {
            k=j-2;
            if(j-1<=i)
```

```
            {
                printf("%d",k++);
                t=k-1;
            }
            else
                printf("%d",--t);
        }
    printf("\n");
    }
}
```

实验六 数组

题目1 阅读程序加注释,并给出运行结果。
(1)运行结果: 13715
(2)运行结果: 11
(3)运行结果: 3
(4)运行结果: 4
(5)运行结果: 2
(6)运行结果: fwo

题目2 程序填空。
(1)①10　　②&array[i]　　③big<array[i]　　④big
(2)①&a[i]　　②i=0;i<10;i++　　③9-i　　④a[j]>a[j+1]
　　⑤t=a[j];a[j]=a[j+1];a[j+1]=t;
(3)①gets(line);　　②line[i]!='\0'　　③line[j]=line[j+1];
(4)①&a[i]　　②&score[i][j]　　③max_score=score[i][j];

题目3 填空题。
①(c=getchar())　　②c-'A'

题目4 改错题。
(1)①a[10]　　②&a[i]
(2)①该语句末尾去掉分号";"　　②该语句后增加两个变量max,min;
　　③&a[i]　　④该语句改为:if(i%3==0) printf("\n");
　　⑤该语句改为:printf("%8d ",a[i]);
(3)①sum=0,a[][3]　　②i<n　　③if(i==j‖i+j==n-1)

题目5 调试,输入一个正整数 $n(0<n<=0)$ 和一组(n 个)有序整数,再输入一个整数 x,把 x 插入到这组数据中,使该组数据仍然有序。
①a[10],括号中可以为任意的整数,但要大于下面输入数据的个数
②b[11],同上　　③break　　④b[i+1]=a[i]

题目 6 编程题。

(1)程序如下:

可用以下 for 循环把九九表中的数据放入二维数组中:

```
for(i = 0;i<n;i ++ )
    for(j = 0;j<N;j + + )a[i][j] = (i + 1) * (j + 1);
```

表的第二行:(1)(2)…(9),用以下语句输出:

```
for(i = 1;i< = 9;i + + )printf("( %d)",i);printf("\n");
```

在二维数组每一行输出前加语句:

```
printf("( %d)",i + 1);
```

可得到每一行最前面的(1)、(2)、…、(9)。

(2)排序问题,程序如下:

```c
#include<stdio.h>
#define N 10
void main()
{
    int a[N] = {7,10,42,23,90,71,100,67,53,8};
    int i,j,t;
    for(i = 0;i<N;i ++ )
        printf("%4d",a[i]);
    printf("\n");
    for(i = 0;i<9;i ++ )
    { for(j = i + 1;j<10;j ++ )
        {
            if(a[i]>a[j])
              {
                t = a[i];
                a[i] = a[j];
                a[j] = t;
              }
        }
    }
    for(i = 0;i<N;i ++ )
        printf("%4d",a[i]);
    printf("\n");
}
```

实验七　函数

题目 1　阅读程序加注释,并给出运行结果。
(1)执行结果:23,76,34
　　　　　　23,76,34 Press any key to continue
为什么:不能排序,调用的函数运行结果没有 return 到主调函数。
(2)运行结果：　64
(3)运行结果：　result＝5
　　　　　　　result＝6
为什么:fun(x++,y+=2)为 fun(2,5)
　　　fun(y+x,x=1)中 x=1,所以 fun(y+x,x=1)为 fun(6,1)
(4)运行结果：　6
(5)运行结果：　8
(6)运行结果：　39,18
(7)运行结果：　143

题目 2　程序填空。
①n==0　　②return x　　③q(x,i)

题目 3　参考程序,编写函数。
```
#include <stdio.h>
double fun(int n)
    { int i;double s,t;
      s=0;
      for(i=1;i<=n;i++)
      { t=2.0*i;
        s=s+(2.0*i-1)*(2.0*i+1)/(t*t);
      }
      return  s;
    }
```

题目 4　写两个函数,分别求两个正数的最大公约数和最小公倍数,用主函数调用这两个函数并输出结果。两个正数由键盘输入。
参考程序:
```
#include "stdio.h"
hcf(int u,int v)                    /*定义最大公倍数*/
{
  int a,b,t,r;
  if(u>v)
  {
    t=u;
```

```
        u = v;
        v = t;
     }
     a = u;
     b = v;
     while((r = b % a) != 0)
     {
        b = a;
        a = r;
     }
     return(a);
}
lcd(int u,int v,int h)              /*定义最小公约数*/
{
     return(u * v/h);
}
main()
{
     int u,v,h,l;
     scanf("%d,%d",&u,&v);          /*从键盘上输入要操作的两个数*/
     h = hcf(u,v);
     printf("H.C.F = %d\n",h);      /*输出最大公倍数*/
     l = lcd(u,v,h);
     printf("L.C.D = %d\n",l);      /*输出最小公约数*/
}
```

题目5 在以前的程序中涉及到了冒泡排序法,所有的代码均是在主函数中完成的,看起来没有结构感,为了实现结构化编程的思想,将冒泡排序法放在主函数之外,在主函数进行调用,最终得到结果。

参考程序:

```
#include <stdio.h>
#define N 10
sort(int a[N])    /*冒泡排序法*/
{
    int i,j,t;
    for(j = 1;j<N;j++)
      for(i = 0;i<N - j;i++)
        if(a[i]>a[i + 1])
        {
            t = a[i];
```

```
            a[i] = a[i + 1];
            a[i + 1] = t;
        }
}
void main()
{
    int i;
    int s[N];
    printf("Please input the %d number\n",N);
    for(i = 0;i<N;i++)
    {
        scanf("%d",&s[i]);
    }
    sort(s);
    printf("\n排序结果:");
    for(i = 0;i<N;i++)
    printf("%d",s[i]);
}
```

题目6　编写一个函数。

(1)编写函数用递归方法求 1＋2＋3＋…＋n 的值,在主程序中提示输入整数 n。

```
#include<stdio.h>
void main()
{   int fn1(int i);
    int i,j;
    printf("请输入一个正整数:");
    scanf("%d",&i);
    printf("从 1 累加到的和为%d\n:",fn1(i));
}
int fn1(int i)
{
    if(i == 1)return 1;
    else return i + fn1(i - 1);
}
```

(2)编写一递归函数求斐波纳契数列的前 40 项。

```
#include<stdio.h>
long F(int n);
void main()
{
    int i;
```

```c
    for(i=1;i<=40;i++)
    {
      printf("F(%2d) = %-9ld",i,F(i));
      if(i%4==0)
      printf("\n");
    }
}
long F(int n) //求第n项的值
{
    if(n<=2)
      return(1);
    return(F(n-1)+F(n-2));
}
```

题目7　编程题。

```c
int isprime(int a){
    int i;
    for(i=2;i<=a/2;i++)
      if(a%i==0)return 0;
      return 1;
}
```

思考题

2. 参考程序：

```c
#include <stdio.h>
void scan();                    //输入函数
void prt();                     //输出函数
void fun();                     //计算天数函数
void dofun();                   //操作函数
int year,month,day;             //全局变量,声明年月日变量
int number;
int main(void)                  //main函数
{
dofun();
return 0;
}
void scan()                     //自定义输入函数
{
  printf("请输入年份:\n");
  printf("年:");
```

```
    fflush(stdin);
    scanf("%d",&year);
    printf("月:");
    scanf("%d",&month);
    printf("日:");
    scanf("%d",&day);
}
void prt()                          //自定义输出函数
{
    char ch;
    if(number<=0 || number>365)
    {
        printf("\n计算错误,请重新查询:\n\n");
        dofun();
    }
    else
    {
        printf("\n这一天是第%d天\n\n",number);
        printf("如果想继续查询请按'y'或'Y',或按任意键退出:");
        fflush(stdin);
        scanf("%c",&ch);
        if(ch=='y' || ch=='Y')
        {
            dofun();
        }
        else
        {
            printf("\n谢谢使用!\n");
        }
    }
}
void fun()                          //计算天数函数
{
    int n;
    switch(month)
    {
        case 1:n=0;break;
        case 2:n=31;break;
        case 3:n=59;break;
```

```
            case 4:n = 90;break;
            case 5:n = 120;break;
            case 6:n = 151;break;
            case 7:n = 181;break;
            case 8:n = 212;break;
            case 9:n = 243;break;
            case 10:n = 273;break;
            case 11:n = 304;break;
            case 12:n = 334;break;
    }
        //判断是否为闰年
        if((year % 4 == 0 && year % 100 != 0 || year % 400 == 0)&&(month >= 3))
        {
            number = n + day + 1;      //是闰年,天数加 1
        }
        else
        {
            number = n + day;          //非闰年
        }
}
void dofun()                           //界面操作函数
{
    year = 0;
    month = 0;
    day = 0;
    number = 0;
    printf("\n    欢迎进入年份查询系统!\n\n");
    scan();
    while((year < 1900 || year > 2030) || (month < 1 || month >12) || (day < 1 || day > 31))
    {
        printf("\n对不起,您输入的数据有误,请核对后重新输入:\n");
        printf("\n 注:年份在 1900~2030 之间;月份在 1~12 之间;日在 1~31 之间!\n\n");
        scan();
    }
    fun();
    prt();
}
```

3. 参考程序：
```c
#include<stdio.h>
int main()
{
    float a[10];
    int i;
    float aver(float a[]);
    void sort(float a[]);
    printf("请输入十个数:\n");
    for(i=0;i<10;i++)
        scanf("%f",&a[i]);
    printf("平均成绩:%5.2f\n",aver(a));
    sort(a);
    printf("从大到小排序:\n");
    for(i=0;i<10;i++)
        printf("%5.2f\n",a[i]);
    return 0;
}
    float aver(float a[])
    {
        int i;
        float b=0;
        for(i=0;i<10;i++)
            b+=a[i];
        return b/10;
    }
    void sort(float a[])
    {
        int i,j,k;
        float temp;
        for(i=0;i<9;i++)
        {
            k=i;
            for(j=i+1;j<10;j++)
                if(a[j]>a[k])
                    k=j;
            if(i!=k)
            {
                temp=a[k];
```

```
            a[k] = a[i];
            a[i] = temp;
        }
    }
}
```

4.参考程序：
```
#include<stdio.h>
void foo(int n)
{
int i;
for(i=2;i<=n/2;i++){
if(n%i==0)
{ printf("%d*",i);
  foo(n/i);
  return;
}
}
printf("%d\n",n);
}
void main()
{
int t;
printf("Please enter a number\n");
scanf("%d",&t);
printf("%d=",t);
foo(t);
}
```

实验八　指针

题目1　阅读程序、加注释，并给出运行结果(非数组部分)。

(1)运行结果：　a＝3,b＝5
(2)运行结果：　3,5

题目2　阅读程序加注释，并给出运行结果(数组部分)。

(1)运行结果：　6，2，6，4，5，6，7，8，9，0
(2)运行结果：　x＝3,y＝5,m＝5,n＝7,a＝8,b＝8
　　　　　　　　1　2　3　4　5　6　9　8　9　0
(3)运行结果：　3234
(4)运行结果：　aB cD EFG!

(5)运行结果： k=4 a=12

(6)运行结果： 654321

(7)运行结果： aegi

(8)运行结果： 1

题目 3 体验指针的使用。

略。

题目 4 程序填空 1(请填写适当的符号或语句,使程序实现其功能)。

①sp　　②float *pa　　③i=0;i<5;i++　　④av=s/5

题目 5 程序填空 2(请填写适当的符号或语句,使程序实现其功能)。

①s+=*q　　②*p

题目 6 程序填空 3(请填写适当的符号或语句,使程序实现其功能)。

(1)①i<10-1　　②s[i]>s[i+1]　　③k　　④&a[k]

(2)①&a　　②i=1　　③num[i]

(3)①p　　②*p>0　　③p=a　　④*p++

题目 7 改错题(请纠正程序中存在错误,使程序实现其功能)。

(1)①while(*s!='\0')　　②if(*s>='0'&&*s<='9')

(2)①int i,*p=&i　　②swap(&a,&b)

(3)①p=&n;　　②scanf("%d",p);　　③printf("%d\n",*p);

题目 8 编写程序。

流程图略。

(1)参考程序：

```
#include <stdio.h>
void swap(int *x,int *y);
int main(void)
{
    int  a,b;
    printf("a:");
    scanf("%d",&a);
    printf("b:");
    scanf("%d",&b);
    swap(&a,&b);
    printf("a=%d b=%d\n",a,b);
    return 0;
}
void swap(int *x,int *y)
{
    int z=*x;
    *x=*y;
    *y=z;
```

}

(2)参考程序：
```c
int   arrin(int * a)
{    int i,x;
     i = 0;
     scanf("%d",&x);
     while(x>=0)
     {    *(a+i) = x;
          i++;
          scanf("%d",&x);
     }
     return i;
}
void arrout(int * a,int n)
{    int i;
     for(i = 0;i<n;i++)
        printf(((i+1)%5 == 0)?"%4d\n":"%4d", *(a+i));
        /* 根据 i 的值来确定使用不同的格式串 */
     printf("\n");
}
```

(3)参考程序：
```c
void setdata(int(* s)[N],int n)
{    int i,j;
     for(i = 0;i<n;i++)
     {    s[i][i] = 1;s[i][0] = 1;}
        for(i = 2;i<n;i++)
            for(j = 1;j<i;j++)
                s[i][j] = s[i-1][j-1] + s[i-1][j];
}
void outdata(int s[ ][N],int n)
{    int i,j;
     printf("杨辉三角形:\n");
     for(i = 0;i<n;i++)
     {    for(j = 0;j<=i;j++)printf("%6d",s[i][j]);
          printf("\n");
     }
}
```

(4)参考程序：
```c
void scopy(char * s,char * t)
```

```
{   int i;
    i = 0;
    while((s[i] = t[i])!= '\0')i + + ;
}
```

(5)参考程序：
```
char getstr(char p[ ][M])
{   char t[M],n = 0;
    printf("Enter string.a empty string to end\n");
    gets(t);
    while(strcmp(t,""))
    {   strcpy(p[n],t);
        n + + ;gets(t);
    }
    return n;
}
char * findmin(char(* a)[M],int n)
{   char * q;int i;
    q = a[0];
    for(i = 1;i<n;i ++ )
        if(strcmp(a[i],q)<0)
            q = a[i];
    return q;
}
```

思考题

2.请编程读入一个字符串,并检查其是否为回文(即正读和反读都是一样的)。例如：
读入:MADA M I M ADAM.输出:YES
读入:ABCDBA.输出:NO

```
#include<stdio.h>
#include<string.h>
int hw(char * s);//验证回文数
int main()
{
    char s[10];
    printf("请输入字符串\n");
    gets(s);
    if(hw(s))printf("%s 属于回文串\n",s);
    else printf("%s 不属于回文串\n",s);
    return 0;
```

}
```c
int hw(char *s)
{
    char *p1 = s, *p2;
    p2 = s + strlen(s) - 1;
    while(p1<p2)
        if(*(p1++)!=*(p2--))return 0;
    return 1;
}
```

3. 任意输入 5 个字符串，调用函数按从大到小顺序对字符串进行排序，在主函数中输出排序结果。

```c
#include <stdio.h>
#include <string.h>
#include <stdlib.h>
void sort(char strArr[][32],int len)
{
    int i,j;
    char buf[32];
    char (*pSentinel)[32],(*p)[32];
    for(pSentinel = strArr;pSentinel != strArr + len; ++pSentinel)
    {
        for(p = strArr + len - 1;p != pSentinel; --p)
        {
            if(strcmp(*p,*(p-1))< 0)
            {
                strcpy(buf,*p);
                strcpy(*p,*(p-1));
                strcpy(*(p-1),buf);
            }
        }
    }
}
void main(void)
{
    char strArr[5][32];
    int i;
    printf("请输入 5 个字符串:");
    for(i = 0;i < 5; ++i)
        scanf("%s",strArr[i]);
```

```
    sort(strArr,5);
    printf("排序后的顺序:");
    for(i = 0;i < 5; + + i)
    printf("%s",strArr[i]);
    printf("\n");
    system("pause");
}
```

实验九　结构体和公用体

题目 1　阅读程序,并给出运行结果。
(1)运行结果：　6
　　　　　　　67.2
　　　　　　　34.2,?
(2)运行结果：　1001,ZhangDa,1098,0
(3)运行结果：　Zhao,m,85,90,Qian,f,95,92
(4)运行结果：　zhao

题目 2　阅读程序并填空。
(1)&p.ID
(2)REC
(3)p=&wang
(4)p=p—>next
(5)①(struct list *)　②struct list　③(struct list *)　④struct list　⑤return h

题目 3　阅读程序并填空。
(1)①strcmp(st[i].bname,s)==0　　②return −1　　③book,3,st
(2)①&day1.year,&day1.month,&day1.day　　②one.month

题目 4　改错题(请纠正程序中存在错误,使程序实现其功能)。
(1)① * fun(struct stud person[],int n)　　②person[i].age<person[min].age
　　③&person[min]　　④ * minpers　　⑤minpers—>name,minpers—>age
(2)①&p.a,&p.n　　②p.n

题目 5　编写程序 1。

```c
#include<stdio.h>
struct student
{
    int id;
    char name[20];
    float score[3];
};
main()
```

```c
{
    struct student stu[12];
    struct student stu1;
        int i,j;
        for(i=0;i<12;i++)
        {
            printf("请输入第%d个学生的学号：",i+1);
            scanf("%d",&stu[i].id);
            printf("请输入第%d个学生的姓名：",i+1);
            scanf("%s",stu[i].name);
            for(j=0;j<3;j++)
            {
                printf("请输入第%d个学生的第%d门课成绩：",i+1,j+1);
                scanf("%f",&stu[i].score[j]);
            }
        }
        for(i=0;i<12;i++)
        {
          for(j=i;j<5;j++)
            if(stu[j].score[0]+stu[j].score[1]+stu[j].score[2]>stu[i].score[0]+stu[i].score[1]+stu[i].score[2])
            {
                stu1=stu[i];
                stu[i]=stu[j];
                stu[j]=stu1;
            }
        }
    printf("总成绩最高的学生的学号和姓名为：%d,%s\n",stu[0].id,stu[0].name);
    printf("总成绩由高到低排序\n");
    printf("学号\t姓名\t成绩1\t成绩2\t成绩3\t\n");
    for(i=0;i<12;i++)
    {
        printf("%d\t%s\t%f\t%f\t%f\t\n",stu[i].id,stu[i].name,stu[i].score[0],stu[i].score[1],stu[i].score[2]);
    }
}
```

题目6 编写程序2。

```c
#include<stdio.h>
enum week{Sun=0,Mon,Tue,Wen,Thu,Fri,Sat};
```

```
main()
{
  enum week w;
  printf("请输入 0~6 任意一个整数:");
      scanf("%d",&w);
  switch(w)
    {
    case Sun:printf("Sunday");break;
    case Mon:printf("Monday");break;
    case Tue:printf("Tuesday");break;
    case Wen:printf("Wednesday");break;
    case Thu:printf("Thrusday");break;
    case Fri:printf("Friday");break;
    case Sat:printf("Saturday");break;
    default:printf("wrong");
    }
}
```

题目 7　编写程序 3。

```
void readrec(struct stud *ps)
{   int i,j;
    for(i=0;i<N;i++)
    { gets(ps[i].num);gets(ps[i].name);ps[i].ave=0;
      for(j=0;j<4;j++)
      {   scanf("%d",&ps[i].s[j]);
        ps[i].ave+=ps[i].s[j]/4.0;
      }
      getchar();
    }
}
void wirterec(struct stud *ps)
{   int i,j;
    for(i=0;i<N;i++)
    { printf("%s %s",(ps+i)->num,(*(ps+i)).name);
      for(j=0;j<4;j++)
      printf("%3d",ps[i].s[j]);
      printf("%6.1f\n",ps[i].ave);
    }
}
```

思考题

1. 分析结构体与共用体的区别。

结构体里面的每一个元素都占有一定的内存空间,而共用体占用其元素中最长的变量的那个类型的内存空间。其赋值是覆盖式的。

2. 13 个人围成一圈,从第 1 个人开始顺序报号 1、2、3。凡报到"3"者退出圈子,找出最后留在圈子中的人最开始的序号。

```
#include<stdio.h>
main()
{
    int person[13] = {1,2,3,4,5,6,7,8,9,10,11,12,13};
    int i,j = 0,n = 0,m = 0;
    printf("13 个人按顺序退出的序号为:\n");
    for(i = 0;;i++)
    {
        if(person[i]!= 0)
        {
            j++;
            if(j == 3)
            {
                n++;
                printf("%d\t",person[i]);
                if(n == 13)m = person[i];
                person[i] = 0;
                j = 0;
            }
        }
        if(i == 12)i = -1;
        if(n == 13)break;
    }
    printf("\n");
    printf("最后一个人退出的序号为:%d\n",m);
}
```

实验十 文件

题目 1 阅读程序,并给出运行结果。

(1) abc

(2) 运行结果:123

　　　　　　456
(3)运行结果：123
题目 2　阅读程序并填空。
(1)wt
(2)FILE
(3)"rb"
(4)"c:\\filea.dat","rt"
题目 3　程序填空题(请填写适当的符号或语句,使程序实现其功能)。
①"r"　　②c!=EOF　　③num++
题目 4　改错题(请纠正程序中存在错误,使程序实现其功能)。
(1)①fp1=fopen("d:\\data1.dat","wb+")　　②fputc(ch[j],fp1)
(2)①fp2=fopen("d:\\data2.txt","wb+")　　②fprintf(fp2,"%d",x[k])
(3)①i++;　②if(i%3==0)fprintf(fp3,"\n");　③加一行 fclose(fp3);
题目 5　编程题。
1.参考程序：
```c
#include<stdio.h>
#include<stdlib.h>
#define SIZE 4
struct student
{
  char s_num[10];
  char s_name[20];
  char sex[2];
  int age;
}stu[SIZE];
void input()
{
  int i;
  for(i=0;i<SIZE;i++)
  {
    printf("请输入第%d个学生的数据内容:学号,姓名,性别(男:M,女 F),年龄\n",i+1);
    scanf("%s%s%s%d",stu[i].s_num,stu[i].s_name,stu[i].sex,&stu[i].age);
  }
}
void save()
{
  int i;
  FILE *fp;
```

```c
    if((fp = (fopen("c:\\stu_list.txt","wb"))) == NULL)
    {
      printf("can not open file:stu_list! \n");
      exit(0);
    }
    for(i = 0;i<SIZE;i ++ )
    {
      if((fwrite(&stu[i],sizeof(struct student),1,fp))! = 1)
      {
        printf("write error! \n");
        fclose(fp);
        exit(0);
      }
    }
    fclose(fp);
}
void main()
{
  input();
  save();
}
```

(2)参考程序:
```c
#include <stdio.h>
main()
{
    FILE *fp;
    char ch,filename[10];
    printf("Please input filename:");
    scanf("%s",filename);
    if((fp = fopen(filename,"w")) == NULL)
    {
        printf("cannot open file\n");
        exit(0);
    }
    printf("Please input string:");
    ch = getchar();
    while(ch! = '#')
    {
        fputc(ch,fp);
```

```
            putchar(ch);
            ch = getchar();
        }
        fclose(fp);
        if((fp = fopen(filename,"r")) == NULL)
        {
            printf("can not open file\n");
            exit(0);
        }
        while((ch = fgetc(fp))! = EOF)
            putchar(ch);
        fclose(fp);
}
```

(3)参考程序：
```
#include <stdio.h>
#define SIZE 2      /*定义学生个数*/
struct student_type
{
    char name[10];
    int num;
    int age;
    char addr[15];
}stud[SIZE];
void load()
{
    FILE * fp;
    int i;
    if((fp = fopen("d:\\stu_dat","rb")) == NULL)
    {
        printf("can't open infile\n");
        return;
    }
    for(i = 0;i<SIZE;i ++)
    if(fread(&stud[i],sizeof(struct student_type),1,fp)! = 1)
    {
        if(feof(fp))
            return;
        printf("file read error\n");
    }
```

```c
        fclose(fp);
    }
    void save()
    {
        FILE *fp;
        int i;
        if((fp = fopen("d:\\stu_dat","wb")) == NULL)
        {
          printf("can not open file\n");
          return;
        }
        for(i = 0;i<SIZE;i ++ )
        if(fwrite(&stud[i],sizeof(struct student_type),1,fp)! = 1)
            printf("file write error\n");
        fclose(fp);
    }
    void display()
    {
        FILE *fp;
        int i;
        if((fp = fopen("d:\\stu_dat ","rb")) == NULL)
        {
          printf("can not open file\n");
          return;
        }
        for(i = 0;i<SIZE;i ++ )
        {
           fread(&stud[i],sizeof(struct student_type),1,fp);
             printf(" % -10s % 4d % 4d % -15s\n",stud[i].name,stud[i].num,stud[i].age,stud[i].addr);
        }
        fclose(fp);
    }
    main()
    {
        int i;
        for(i = 0;i<SIZE;i ++ )
        scanf(" % s % d % d % s",stud[i].name,&stud[i].num,&stud[i].age,stud[i].addr);
        load();
```

```
    save();
    display();
}
```

思考题

1. 参考程序：

```c
#include<stdio.h>
#include<stdlib.h>
void main()
{
    char filename[80];
    char ch;
    FILE *fp;
    printf("输入完整文件名:");
    scanf("%s",filename);
    if((fp=fopen(filename,"r"))==NULL)
    {
        printf("文件打开失败");
        exit(0);
    }
    while((ch=fgetc(fp))!=EOF)
    {
        printf("%c(%d)",ch,(int)ch);
    }
    fclose(fp);
    printf("\n");
}
```

参考文献

[1] 谭浩强,张基温.C语言习题集与上机指导[M].3版.北京:高等教育出版社,2007.

[2] 伍鹏,杜红.C语言习题集与实验指导[M].北京:清华大学出版社,2013.

[3] 王为青.C语言高级编程及实例剖析[M].北京:人民邮电出版社,2007.

[4] 刘立君.C语言程序设计习题集[M].北京:科学出版社,2011.

[5] 陆丽娜,丁凰.C语言程序设计[M].西安:西安交通大学出版社,2012.

[6] 王敬华.C语言程序设计教程(第二版)习题解答与实验指导[M].北京:清华大学出版社,2009.

[7] 全国计算机等级考试教材编写组.全国计算机等级考试历年真题与标准题库二级C语言[M].北京:人民邮电出版社,2014.

[8] 教育部考试中心.全国计算机等级考试二级教程——C语言程序设计[M].北京:高等教育出版社,2015.